このまま死んでる場合じゃない！

がん生存率0%から「治ったわけ」「治せるわけ」

岡《おか》田《だ》直《なお》美《み》 医師
善《よし》本《もと》考《とし》香《か》 患者

講談社

目次

このまま死んでる場合じゃない！
がん生存率0％から「治ったわけ」「治せるわけ」　目次

第一章　ブラックジャックはどこにいるのか？

第二章　再発がん患者に立ちふさがる高い壁

第三章　闘うがん治療

本書刊行にあたって、
ご協力くださった患者のみなさん、
そして医師の方々に心より感謝の意を表します。
ありがとうございました。

第一章

ブラックジャックはどこにいるのか？

患者善本《よしもと》と医者岡田《おかだ》からご挨拶

「治らないがんが治ったのにはカラクリがある」

善本◇今日は、私たちが日頃話しているがん治療の理想像を皆様にもご紹介したいということで、このような場を設けていただいたんですけど、その理想というのは？

岡田◆闘うがん治療です。治るため、治すために闘うがん治療です。

がんが再発したり、転移したりすると、医師から「もう、治りません」と言われます。

これが今のがん治療の限界です。

善本◇**私の場合、あとから地元の主治医に聞いたら、「3ヵ月もてばいいと思った」と言っていました。**

でも、余命3ヵ月の状態から3年半経《た》った今もぴんぴんしています。

がんという病気は、一昔前だったら、かかったらもう治らない病気。最近は早期発見、早期治療できる人も増えて、治る病気になってきたと言われていますが、それでも再発・転移したら助からない病気。

このような考え方が一般的ですが、岡田先生に言わせると？

岡田◆　あきらめることはありません。

「再発しても、あちらこちらに転移しても、治る可能性は十分にあります」

それこそ、善本さんは、まさに身をもってこのことを体験していますからね。

善本◇　今のがん治療を考えると、再発・転移しても治るなんて「信じられない」「ウソだろう」と思う人もいるかもしれません。

私は再発を繰り返して、首の付け根から骨盤まで全身あちらこちらに転移がありました。バリバリのステージⅣ（全身多発転移）です。

それでも、治りました。

最後の治療が終わってから3年になりますが、がんはいまだに出ていません。

岡田◆　私はこれまで「治らない」と言われてしまった、さまざまな種類のがん患者さんを治してきました。

その中には、肺に18ヵ所も転移していた大腸がんや、腹膜播種《ふくまくはしゅ》、つまりお腹の腹膜にまで転移してしまった胃がん・大腸がん、同様に胸膜播種《きょうまくはしゅ》の肺がん、進行した膵臓《すいぞう》がんなど、重度の患者さんも多く含まれます。

でも、善本さんは、その中でももっとも困難な患者さんでした。

善本◇　私だけでなく、先生がこれまで治してきた患者さんのなかには、権威ある病院で「治らない」って宣告された患者さんもたくさんいらっしゃいますよね？　いったいどうして先生は、治すことができるのでしょうか？

岡田◆最初からずばりと聞いてきますね。でも、これは、この本のテーマでもありますから、ゆっくりお話ししていきますが、一言でいうと「治る」「治せる」カラクリがあるのですよ。

善本◇カラクリ？　マジックみたいですね。今日は、先生のマジックのタネ明かしをしてもらえるということですね。楽しみです。

岡田◆では、**どうして再発したり転移したりしたがんが治るのか、ということを善本さん自身の病歴にそって治療の話をしながら解説していきましょうか。**

そして、話の合間にがんという病気について私のほうから説明する。

こんな感じでどうでしょう？

善本◇いいですね。それで行きましょう。先生、今日はいい感じですね。いつもは、天然ボケ炸裂しながら話すのに（笑）。

岡田◆治らないがんを治すこと（笑）。

先生の趣味ってなんでしたっけ？

善本◇ただ、がんを治すことしか頭にないから、保険会社に提出する書類を忘れたり、治療以外の面では大変なことも多いですけど……。

岡田◆あ！　そういえば、去年書いた原稿、振り込み先教えてないから、お金まだもらってない……。

善本◇ほら、こういう人なんですよ。ほかにも、天然エピソードを挙げればキリがありませんが、それを帳消しにするくらい、すごいことができる先生でもあります。

って、まずは、私たちのことを紹介しないといけませんよね。

私は、善本考香《よしもととしか》といいます。

先ほどお話ししたとおり、余命3ヵ月から、完治の状態まで回復しまして、現在はSmile Girlsという、女性を中心としたがん患者のための患者会を立ち上げ、活動しています。

岡田先生との関係は、先生が先ほど紹介してくださったように平たく言ってしまえば、医者と患者ですね。

岡田◆そうですね。今は、友だちを超えて、妹みたいに思っていますけど、最初の出会いは患者さんと医師ですね。

私、岡田直美《おかだなおみ》は、放射線医学総合研究所病院（旧重粒子医科学センター病院）の医長として、転移性肝がんを含む肝腫瘍に対する重粒子線治療をさせていただいています。

善本◇でも、重粒子線治療だけをするわけではないですよね？

岡田◆ 重粒子線治療については後ほど解説しますが、その治療のみにこだわっているわけではなく、**手術、放射線、抗がん剤など、患者さんごとに治すための最適解を導き出し、いろいろな治療を組み合わせて実施していく**というのがもっとも得意なところですね。

もちろん、私は内科医なので、手術や重粒子線治療以外の放射線治療など、私にできない治療は、ほかのお医者さんにお願いしますけど。

善本◇ その、ほかの先生にお願いするスピードがすごいんですよ。

私が岡田先生に診てもらっているときは、あっちの病院に行け、今度はこっちの病院に行けと、飛ばされまくってましたから。

がん治療の弾丸ツアー！

岡田◆ 大変でしたね。って、私が行かせたんですけど（笑）。

まあ、その辺の経緯も含めて話してください。

私は、合間、合間にがんの仕組みについて話していきます。

患者さんの中にもがんについて詳しく知らない方も多いので……。

善本◇ わかりました。では、2008年からお話しさせていただきます。

と、その前に、ひとつだけ言わせてください。

「再発・転移したがんでも治る」

と言っても、怪しい治療法を紹介するわけではありません。

岡田先生の治療は、**重粒子線治療（厚生労働省が認めた先進医療・一部保険適用）以外はすべて健康保険の適用内での治療法**です。

がんが再発したり、転移していると、多くのお医者さんがあきらめてしまいます。これが現代医学の常識です。

でも本当は、現在の医学なら十分治すことができるのです。

私たちが、多くの患者さん、そしてその主治医に願う「**治るための闘うがん治療**」とは、**あきらめずにがんと闘うという意味だけではなく、医学や医療の常識とも闘っていただきたい、**という思いが込められています。

なぜ、常識と闘わなければいけないのか？

それは、この本を読んでいただければ、だんだんとわかっていただけると思います。

そうですよね、先生。

全身転移説に立つ日本の医療

「転移が１ヵ所でもあったら全身に無数に転移しているのか？」

岡田◆そうですね。医療の世界も保守的ですからね。がんの治療には、がんができた臓器とその進行度ごとに治療が決められている「標準治療」というものがあります。今は、この標準治療でがん治療をすることが常識で、それ以上のことをやろうとすると、とたんに異端児扱いされてしまいます。

善本◇先生が、ジャンヌ・ダルク先生と言われていた所以ですね。

岡田◆この本がでたらジャンヌ・ダルクみたいに、炎上してしまうかもしれませんね。

善本◇炎上しますかねぇ？

だって、いい治療法というか、今の医学でできることを紹介するだけですから、喜ばれることはあっても、文句を言われることはないと思いますけど……。

岡田◆歴史的にみて、どの分野でも、常識とされている学説に異論を唱えると、その説が正しいか正しくないかにかかわらず、大きな抵抗を受けます。

今、常識とされているがん治療は、「転移が１ヵ所でもあったら全身に無数に転移してい

る」という〝全身転移説〟をとっています。

一方私は、転移をしても必ずしも全身無数に転移しているわけではなく、限定的に転移しているだけ、という〝少数転移説（オリゴメタ説）〟を前提にしています。

少数転移説を前提にすることが根治の必要条件となるからです。

突然、難しい話になったように聞こえるかもしれませんが、「全身転移説」と「オリゴメタ説（少数転移説）」は、本書で繰り返し出てきますので、今、わからなくても心配しないでください。ここでは「**オリゴメタ**」という耳慣れない言葉が出てきたとふんわり思っていただけたらと思います。ただ、このオリゴメタが、私が再発・転移がんを治すことができるカラクリ、マジックの大切なタネになっています。

この解説はしばらく置いといて、まずは、再発どころか再々発したがんが治るということの生き証人である善本さんのケースを見てください。

善本◇了解しました。僭越ながら、私の病歴の話から始めさせていただきます。

失意と恐怖

「最初にかかったのは残念なお医者さん」

善本◇ 最初にがんの兆候があったのは、2008年に不正出血があったときです。そのときも一瞬「がん？」という不安が頭をよぎりました。

でも、これは、単純に出血に対してもっともネガティブな発想をしただけです。

その程度の考えでしたから、「もし、がんと診断されたら……」と考えただけでも怖くなって、病院には行きませんでした。

このとき、しっかり検査を受けていたら、もっと簡単に治っていたのかもしれませんね。

岡田◆ たしかに、このタイミングで病院に行っていたらここまで苦労することなく治っていたでしょうね。

善本◇ やっぱりそうですか。では、2008年から時間を進めますね。

結局、そのまま放置し続け、がんと診断されたのは2011年です。定期健診で見つかりました。ただ、定期健診前に大量の不正出血があったので、この時点で、すでに覚悟を決めていました。

そして、精密検査の結果、案の定「がん」と診断されてしまうわけです。

でも、がんは見つかったけど、**最初に行った病院のお医者さんの言うことが、すべて曖昧だったんです。**

「腺《せん》がんかもしれないし、扁平上皮《へんぺいじょうひ》がんかもしれない。子宮頸《けい》がんかもしれないし、子宮体《たい》がんかもしれない」

こんなことを言われました。そして、その後、

「もしかしたら、子宮全体ががんなのかもしれないねぇ」

そう言われたんです。

岡田◆ 腺がんと扁平上皮がんについて補足しますね。

腺がんというのは、分泌腺の細胞ががん化（悪性化）したものです。分泌腺というのは、消化液を出したり、組織を潤すための分泌液を出すための組織で、全身に分布しています。

パソコン時代ですからドライアイの方も多いと思いますが、涙は涙腺という腺組織から分泌されます。めったにない病気ではありますが、涙腺の細胞ががん化した、涙腺がんというのもあります。胃は胃液、膵臓は膵液という消化液を出しています。

このように体の内部には、さまざまな部位に分泌腺が存在し、その細胞ががんになったものを「腺がん」と呼びます。

扁平上皮というのは、字のごとくひらべったい細胞です。皮膚とか食道とか子宮頸部などの組織はこのひらべったい細胞が重なった形になっています。

この細胞ががんになると「扁平上皮がん」と呼びます。

少し余談になりますが、肺がんにも扁平上皮がんというものがありますが、気管支の組織はもともと扁平上皮ではありません。タバコを吸い続けるときれいな細胞の並びに変化が起きて、細胞はひらべったくなり重なってきます。これを扁平上皮化生《かせい》といいます。これが、がん化したものが、肺扁平上皮がんです。

ですからタバコを吸わない人は肺扁平上皮がんにはほとんどなりません。もし、タバコを吸っていないのにこのがんになったら、それは副流煙《ふくりゅうえん》によるものと考えられます。

善本◇話を戻しますと、がんは通常、病理検査と言って、細胞や組織を調べることで診断が確定すると聞いていたので、このお医者さんのあやふやな説明を聞いて、とんでもなく重い症状なのかもしれないと、不安になりました。

頭が真っ白になって、病院の待合室のソファーで何時間も呆然としちゃったんです。

そして、私の帰りが遅いことを心配して、娘と母が私を病院まで迎えに来てくれたのですが、ふたりを前にして泣き崩れてしまいました。

何しろこのとき私は「がん＝助からない病気」と考えていましたから。

でも、数日後に娘のことを考えていたら、**「この子を残すわけにはいかない！　生きるしかない！」**って強く思えたんです。

この気持ちがなかったら、私はたぶん、助からなかったと思います。

それで、このお医者さんから「CT受けますか？」とは、聞かれたんですけど、**「この人と一緒にがんに立ち向かうことはできない」、本能的にそう判断して、ほかの病院でもう一度検査を受けることに決めました。**

そう考えると、このひどい言い方にも感謝しないといけませんね。

もし、このとき、しっかりとした伝え方で話されていたら、すぐにこのお医者さんに見切りをつけることができなかったと思います。

それで、急遽《きゅうきょ》、病院を探さなければいけなくなったので、知り合いなどに聞いて、評判のいい病院を選んで、検査に行きました。そうしたら、もう一瞬です。

診てすぐに「あ、子宮頸がんですね」と診断されました。

聞いてみたら、すでに4センチの腫瘍があったんですよ。

岡田◆子宮頸がんで4センチの腫瘍があったら、見逃さないと思いますけど。ただ、私は診ていないから後出しじゃんけんかな。

善本◇いえ、それはどうでしょう。このお医者さんの噂はあとでいろいろと聞いたんですけど、かなり見落とすことが多いし、誤診も多いし、地元では悪い意味で結構な有名人だったんです。

私は、この後、少し離れた町にある評判のいい病院に行き、そこで手術を受けたのですが、入院中に患者さんたちと話していると、このお医者さんの被害者がたくさんいるわけです。「私も誤診だった」「私も」「私も」なんて、こんなことで盛り上がっても、がんがよくなるわけではありませんが、でも、やっぱり、このお医者さんから逃げ出してよかった、とは思いましたね。きっと多くの人が残念なお医者さんもいるということを知っていると思います。

岡田◆その場にいたわけでもその先生にお会いしたわけでもないので一般論でお話しします。

人生には運・不運がありますが、医師とのめぐり合わせは、運より不運が問題で、一定の確率で残念な医師に当たります。

すべてのお医者さんに、誤診しないレベルになるまでのトレーニングを受けるチャンスがあるわけでなく、しかも誤診しても、本人にフィードバックする仕組みがありません。

このようなシステムがないことで残念なお医者さんになってしまうわけです。

ですから、**そういう残念な医師がいるということを前提に、おかしいなと思ったら放置しないで善本さんみたいにほかの医師を当たってみることが大切**なのだと思います。

しかし、その一方で、ぶっきらぼうで感じの悪い医師の中には、メスを握らせたら難しい手術も楽々こなせる名医だった、なんて人もいるので、気分を害されたからといって悪い医者という判断はしないほうがいいと思います。

善本◇そうですね。**主治医をころころ変えるのは、よくないと思いますが、検査の段階で疑問を持った場合は、いろいろなお医者さんに診断をもらったほうがいいと思います。**

では、先生。ここまでのことを踏まえて、がんという病気について説明してください。

がんの誕生

「60年前の1個のがん細胞が今も増殖し続けている」

岡田◆**がんというのは、遺伝子のエラーによって引き起こされます。そして、この遺伝子のエラーによって、「無限に増殖する」「死なない」という性質を獲得した細胞です。**

本来細胞は増殖速度も分裂回数も遺伝子によってコントロールされています。たとえば、体を洗うと出てくる垢。これは、死んだ皮膚の細胞です。でも、いくら垢が出ても皮膚が厚くなったり薄くなったりするということはありませんよね。

これは、皮膚の細胞がある一定の時間が経つと死んで、細胞が死んだ分だけ、新たに生まれているためです。

一定の時間が経つと死ぬ、つまり正常細胞は予定された死（遺伝子でプログラムされた死）というものがあります。これを「アポトーシス」と言います。

本来、細胞の分裂は、分裂とアポトーシスによって、過不足なく、ちょうどいい塩梅《あんばい》で、コントロールされているものです。

このアポトーシスが欠如しているのががん細胞です。

遺伝子のエラーによって、細胞分裂をコントロールできない細胞が生まれる。この細胞は、好き勝手にどんどん分裂を繰り返し、塊を作っていく。

たとえるなら、アクセルが元に戻らず踏みっぱなしになっている、まさに暴走状態の車ができてしまった。そういう状態です。

善本◇でも、どうして遺伝子にエラーが起こってしまうのですか？

岡田◆分裂時のコピーミスが主ですが、ほかにも**紫外線など自然環境の中にも遺伝子を傷つける要因がたくさんあります。さらに、遺伝、食品の中の発がん物質、ウイルス感染やピロリ菌のような細菌感染なども要因に**なりますね。

ちなみに、胃の中にピロリ菌がいるかどうかは医師の診察ですぐにわかりますから、がんを予防するために除菌することをおすすめします。

これだけ、日常の中に遺伝子のエラーを引き起こす原因が潜んでいるわけですから、エラーが起こるというより、エラーが出るのは当たり前、くらいに考えたほうがいいと思います。

じっさいに誰の体でも毎日5000個ほどのがん細胞が作られていると言われています。それくらい、人体にとってエラーもがん細胞も当たり前の存在なのです。

しかし、これほどのがん細胞が日常的に作られていても、工場で生まれた不良品が、各種チェックで弾かれるように、エラーが出た細胞も、体に備わった免疫機能などによって、駆逐される仕組みがしっかりと出来上がっています。

しかし、不良品が最終チェックをかいくぐって、棚に並んでしまうことがまれにあるように、がん細胞も、排除の仕組みをくぐり抜けて、分裂を繰り返し、人体が対処しきれなくなってしまうことがあります。こうして、がん細胞は増え続け、体を蝕《むしば》み始めるわけです。

高齢になるとがんのリスクが高まるのは、免疫機能の衰えにより、エラーを起こした細胞を排除できず残ってしまうことが大きな要因です。

善本◇がん治療は早期発見、早期治療が鉄則、と言われてますけど、体が本来持っている、早期発見、早期治療の仕組みが働かなかった、という感じですね。

岡田◆そのとおりです。

でも、それだけならまだいいんです。細胞にはある程度分裂を繰り返したら、それ以上、分裂しない仕組みがありますから。この機能がしっかり働いていれば、いくら増殖が速くてもある程度の増殖でストップしますからね。

でも、がん細胞はこの機能も無効化し「無限増殖する」ことを可能にしているのです。HeLa（ヒーラ）細胞という、がんに携わっている医師や研究者なら誰もが知っているがんの培養細胞があります。

HeLaというのは人名からとられたもので、ヘンリエッタ・ラックス（Henrietta Lacks）さんの略称です。この方は、1951年に子宮頸がんで亡くなりましたが、彼女のがん細胞は、今も培養され続け、60年以上生き続けているのです。

がん細胞は、1個の細胞のエラーから始まります。つまり、HeLa細胞も、もともとは1個の細胞です。では、このHeLa細胞が世界で1年間に何個くらい生まれていると思いますか？

善本◇世界で、ってことは、相当な数、培養されているということですよね。ということは、10億くらい？　いや、ちょっとそれは、言い過ぎですかね。

岡田◆いえいえ、なんとこの細胞は1週間で6兆個増え続けていると言われています。10億の6000倍ですよ。1年では300兆個。

人間の体は60兆個の細胞でできていると言われているので、人間の体でいえば5～6人分の細胞が新たに生まれているということです。

たった1つのがん細胞が、人間の体を作り上げている細胞以上の数になる。

がん細胞の持つ「無限に増殖する」「死なない」という特性のすごさが、これだけでもよくわかっていただけると思います。

善本◇子宮頸がんの1個のがん細胞から人の体の細胞の数くらいができてしまうということですか？　すごい、怖いです。

でも、なんで細胞が死なくなったり、増え続けることができるのですか？

岡田◆少々難しい話になるかもしれませんが、この仕組みを解説しますから、ふんふんと聞いていてください。

正常細胞で細胞の分裂回数を制御しているのは、DNAの末端にある「テロメア」という部分です。

テロメアは分裂するごとに短くなっていき、テロメアがなくなってくると分裂できなくなる。この仕組みによって、細胞は分裂回数をコントロールしています。

しかし、細胞から作られる酵素には「テロメラーゼ」という、テロメアを伸ばす効果を持っているものが存在するのです。

本来、テロメラーゼは、一部の細胞しか作れない酵素ですが、がん細胞は、本来持っていなかったテロメラーゼを作り出す機能を獲得します。

こうしてがん細胞は、無限に分裂を繰り返すことができるのです。

細胞分裂の制御を壊し、分裂回数をリセットするテロメラーゼを獲得する。これにより、**がん細胞は、異常に速い分裂速度と無限増殖という性質を持つに至り、体のことなどお構いなしに増え続ける厄介な細胞になってしまう**のです。

善本◇増殖のコントロールができなくなり、テロメラーゼを獲得する？　少し話が難しいですけど、なんだか、いくつもの偶然が重ならないと、がんにならないような気がします。

岡田◆たしかに、がん化する仕組みだけを取り上げると、超偶然に超偶然を重ねたように感じられますが、もう少し、細胞の話をさせていただくと、もともと人間の体は、卵子に精子がくっついて、1つの細胞となり、この細胞が子宮の中で分裂を繰り返すことで、人間の形が作られていきますよね。

この人間の形になるまでの細胞は分裂速度も速く、テロメラーゼも活性化しています。つまり、人間の元となる細胞は、がん細胞に近い性質を持っているともいえるのです。

また、傷を負ったとき、たとえば、少し肉がえぐれるような大きなケガでも、時間が経てば傷跡こそ残りますが、えぐれたままにはならず、皮膚は再生しますよね。

これは、傷口に幹細胞と呼ばれる、どんな細胞にもなれる細胞がやってきて、皮膚の細胞に変化し、傷を埋めてくれるためです。

この幹細胞もテロメラーゼが活性化しています。

ちなみに、幹細胞が皮膚など特定部位の細胞へと変化することを「分化」と呼びます。逆にどんな細胞にもなっていない幹細胞のような細胞の状態のことを「未分化」と呼びます。

つまり、がん細胞は、遺伝子のエラーによって引き起こされますが、このエラーによって変化した姿は、人体にとって異質な存在というわけではなく、むしろ変化しやすい形、馴染みある形に変化したと言ったほうがいいでしょう。

たとえば、普通の細胞を幹細胞に変える「iPS細胞」の技術。これは、乱暴に言ってしまえば、普通の細胞のDNAに4つの遺伝子を組み込むだけです。

たった4つの遺伝子でふつうの細胞を幹細胞のような細胞に変えることができるのですから、細胞のがん化もそれほど難しいものではないとも言えます。少なくとも毎日膨大な数の遺伝子にエラーが生じているのですから、その中でがん化する細胞が出てきても何もおかしいことはありません。

善本◇なるほど。

でも、ちょっと疑問に思ったのですが、今までの説明だと、結局がんってただ増えるだけって気がするんですけど……。

岡田◆たしかにがんの本質は、無限に増えるだけです。

でも、それが命をも奪ってしまうのです。

それについては、また、あとで説明します。

善本◇よろしくお願いします。それにしても、増えるという考えだけを持って生まれたような細胞が、宿主《やどぬし》である自分の体を殺してしまうというのは、何だかおかしな話ですね。

岡田◆そうですね。でも、我々人間もどんどん増えて、自分の生活を快適にするために地球の環境を破壊していますから、もしかしたらそれと似ているのかもしれません……。

善本◇……とりあえず、地球と人間の関係性は、ひとまず置いときましょう！

先生は、たまに話が飛ぶときがあるので、注意してください。

岡田◆はい。失礼しました（笑）。

では、善本さんの闘病記の続きをお願いします。えっと、最初のお医者さんに疑問を持って違う病院に行ったら、あっさり子宮頸がんと診断されたところまででしたね。

ようやく初めての手術

「4センチの病巣を摘出」

善本◇ 新しい病院で、ちゃんと診断してもらいました。子宮頸がんです。診断後、しばらくして手術をしました。

ただし、手術前にはすでにリンパ節に転移していることがわかっていたと思います。じっさい手術ではリンパ節も相当取りました。でも、診断結果だけ見ると、私のステージは、ＩＢ２期だったんです。Ｉ期だったら、現れた臓器の外にがんが出ていってしまうこと……なんて言いましたっけ？　そう「浸潤《しんじゅん》」ですね。浸潤はしてないと思うので、リンパ節まで取る必要はないですよね？　だから、ほんとうならⅡ期かⅢ期だと思うんですけど……。

岡田◆ このときは、まだ、私は善本さんと出会っていないので、詳しいところはわかりませんが、一般論として補足しますね。

まず、ＩＢ２期というのは、がんの進行度合いを表す「ステージ（本書では〇期と表記）」のことです。

善本さんの**子宮頸がん「ＩＢ２期」は、腫瘍が子宮頸部に留《とど》まっていたのでＩ期、そのあと**

のBというのは、ざっくりいうと肉眼で腫瘍が確認できないとA、確認できるとB、その次の数字は病変の大きさで、4センチ以下が1、それを超えるものが2。これらを組み合わせてIB2期となるわけです。

ですから、初発のがんの状態だけを見ればけっして、この診断は間違っていません。リンパ節転移はミクロな世界から始まりますからね。

リンパ液は毛細血管から染み出た細胞間液から始まり、体中に張り巡らされた微細なリンパ管に流れ込みます。

この体内で起こっている水分の行き来により、がん細胞がリンパ管に流れてしまうことがあるのです。

ですから、腫瘍が原発臓器の中に留まっているような病態、つまりステージIでもリンパ節転移は起こります。

また、子宮がんの病期(ステージ)の決定はリンパ節転移の要素が入っていないという点で特殊です。

ただ、初発時については主治医の先生がいちばんわかっているので、診てもいない私がコメントするのは適切ではありませんね。

善本◇手術後、主治医の先生と話しながら何度も確認したんです。「こんなに腫瘍が大きいし、リンパ節にも転移しているんだから、ＩＢ2期じゃないですよね？」って聞いても先生は「ＩＢ2期だから、ＩＢ2期だから」って言って、それ以上教えてくれなかったんですよ。

岡田◆主治医の先生にも思うところはあったでしょうけど、治療経過と子宮がんの特殊性を考えると、ＩＢ2期という診断結果でいいと思いますよ。善本さんが納得できない気持ちもわかりますけど。

いずれにしても手術で4センチの病巣とともに子宮も卵巣も切除したわけですよね。手術のツラさ、子宮を取ってしまうツラさというのは、感じませんでした？

善本◇感じたと思います。手術後は多少の喪失感みたいなものはあったと思います。

でも、今、思い返しても当時、それほど大きなツラさは感じていなかったように記憶しています。

子どもがすでに小学校高学年になっていたので、これ以上子どもを産むという考えはありませんでしたし、それ以上に、絶対に生きてやるって強い気持ちがあったので、「これで治ったかも」と喪失感を上回る安堵感を持っていたように思います。

子宮全摘出、卵巣摘出、骨盤内のリンパ節を40ヵ所ほど取りました。

大きな手術でしたが、先生の腕がよかったおかげで、2時間くらいで終わりましたし、術後は排尿障害《はいにょうしょうがい》や浮腫《ふしゅ》などもなく回復していったのもツラさを感じずに済んだ要因だと思います。

あ、あと、もうひとつ手術の印象が薄い理由を思い出しました。

この後の抗がん剤治療と、さらにその後の岡田先生の治療のほうが圧倒的に大変だったので(笑)、手術の印象が薄れているのだと思います。

岡田◆私の治療の鍵は「再発・転移でも早期発見、早期治療」です。善本さんの場合、再々発、全身多発転移という状態で私のところに来たので、これはやはり早期とは言えず、大変な思いをさせてしまいました。

それに、抗がん剤に弱かったので、余計に大変と感じたと思います。

善本◇そうなんです。自分の治療の話に戻りますね。

がんがリンパ節に達している、ということは、取り除いたリンパ節より先のリンパ節までがん細胞が回っている可能性があるから、どうしても全身抗がん剤をしなければならないじゃないですか。だから、手術の後に抗がん剤治療をしたんですけど、これがツラかったです。

抗がん剤は点滴で体に入れていくのですが、体に回ってくると、だんだんと体調が悪くなっていくんです。

ひどい吐き気がきて、自律神経がおかしくなっているのか、ご飯のにおいすら不快で仕方がない。倦怠感も強く、当たり散らしたくなる気持ちを必死に抑えなければならない。

本当に大変でした。生きてやると気持ちを強く持っていたつもりでしたが、その気持ちも揺らいでしまうことも多かったです。

しかも、抗がん剤がひと通り終わって検査をしたら、治るどころか転移が見つかってしまったわけです。このときは目の前が真っ暗になりました。

岡田◆再発ですね。

でも、この転移で終わりじゃない。私のところに来るまでに、もうひと波乱あるんですよね。ちょっとここで、再発と転移、浸潤について、一気に説明しますね。

善本◇よろしくお願いします。

再発・浸潤・転移とは？
「どうやってがんは再発するのか」

岡田◆再発、浸潤、転移についてのお話の前にがん細胞の定義についておさらいします。がん細胞の定義は無限に増え続ける細胞です。本質的には遺伝子の異常によってひたすら増えるだけの細胞。でも、その場で大きくなるだけなら、手術で取り除けばいいのですから、それほど怖い病気ではないように思いますよね。
がんの進行度合いを表すステージでいうと、子宮頸がんの場合、Ｉ期は子宮頸部にしかがんがない状態と説明しましたが、ほかの部位でも、I期はCT、MRI、内視鏡などで原発巣にしかがんがないと判断された状態です。

腫瘍が原発巣だけに限局していれば、手術でごっそり取ってしまうことで、すべてのがん組織を取り除ける可能性が高いため、完治する可能性も高くなります。

ただ、がん細胞がこのまま、身を寄せあいながらそこで大きくなるだけならいいのですが、この群れから抜け出すがん細胞も生まれてしまうわけです。

人間の集団でも、ひとりでいることを好む人がいるように、**がんも分裂を繰り返すことで、腫瘍の群れから飛び出して新天地を開拓しようとする者も現れてしまうのです。**

これが浸潤《しんじゅん》、転移に当たります。

通常、細胞は細胞同士が接着していて身動きできません。でも、その接着を振り切る能力を獲得する細胞がでてきます。

こうして移動することができるようになったがん細胞は、次にまわりの組織を壊しながら分け入っていきます。これが「浸潤」です。

浸潤することを英語でinvadeと言います。昔、インベーダーゲームというのが流行《はや》りましたが、がん細胞がインベーダーみたいにまわりにどんどん入り込んできてしまうのです。

体には血管やリンパが網の目のように張り巡らされているため、浸潤したがんは、血管やリンパに到達してしまいます。流れる液体の中に腫瘍が晒されれば、当然、群れから剝がれやすくなります。

流れが急な川の中に、一房のぶどうを浸すと、実がぽろぽろと房からはずれていくように、がん細胞も腫瘍から剝がれます。そして、新たな定着場所を探すために、体の中を駆けまわる旅に出ます。

運良く、どこかにへばりつき定着場所を探し出したがん細胞は、新しい血管を呼ぶように体に指示を出します。こうして、血管という補給路を手に入れることで、分裂するために必要な材料がどんどんがん細胞に運ばれていき、分裂を繰り返し、新たな腫瘍を作るというわけです。

これが、がんが「転移」するということです。

この浸潤、転移こそが、がんの真の恐ろしさ。そして、治らない病気と思われる所以です。

善本◇浸潤とか転移のことはよくわかりましたけれど、どうしてこういうことも知らないといけないのですか？

岡田◆ごめんなさいね。転移については、私の治療の根拠となるので、つい熱く語ってしまいました。

浸潤、転移の解説を踏まえて、再発についてお話しすると、その原因は主に2つです。

ひとつは、いわゆる手術での取り残し。もうひとつは手術の時点にすでに存在していた、見えない浸潤や微小転移です。

手術はある程度マージン（余裕）をとって切除していきますが、細胞の大きさは約10ミクロン、1ミリの100分の1の大きさですから、どんなに腕のいい外科系医師でもすべての患者さんについて真の意味で過不足なく切除できるわけではありません。

こうして、生き残ったがんが、大きくなり再発となるわけです。

再発というと、再びがんが現れたというイメージを持ちやすいと思いますが、そうではなく、もともと体に潜んでいて、見つけることができなかったがんが大きくなったと考えられます。

善本◇私のがんは、手術後の抗がん剤治療のあと、お腹をタテに流れる大動脈に並んで走っているリンパ節に転移が見つかりました。

これは、すでにここに回っていたがんが抗がん剤でも倒せずに、ここに定着して大きくなったということでしょうか？

岡田◆傍大動脈《ぼうだいどうみゃく》リンパ節転移ですね。リンパ管は動脈にまとわりつくような形で骨盤内から傍大動脈を上っていき、そこを流れるリンパ液は最終的には鎖骨上窩《さこつじょうか》リンパ節から鎖骨下《さこつか》静脈《じょうみゃく》に流れ込みます。

善本さんの場合、当時のカルテを見ると、手術から転移が見つかるまでの期間は5ヵ月でした。すでに転移していたけど、小さくて認識できなかったのだと思います。

手術で取り除いたリンパ節は40ヵ所でしたが、これは転移が見えたから切ったのではなく、「転移しているかもしれない」というところまできちんと取り除いたということです。じっさいに手術の後の病理検査では40個のうち3個だけ転移が見つかっています。

主治医の先生は手術前に傍大動脈リンパ節廓清《かくせい》（リンパ節を取り除くこと）をしようか、迷ったようですが、結局、標準治療にあわせて廓清しなかったからです。

また、40ヵ所も廓清すると、リンパ浮腫や尿管閉鎖《にょうかんへいさ》などの合併症が出ることも多いのですが、それも出ていません。すばらしい腕前です。地元の隠れた名医だと思いますよ。

善本◇ありがとうございます。主治医の先生のことを褒めていただくと、なんだか、自分のことのように嬉しいです。

岡田◆いいですね。**主治医との信頼関係は、間違いなく善本さんが根治に至った、大きな要因だと思いますよ。**

善本◇でも、状況だけを見ると、私のがんはこの時点でかなりひどい状態だったというわけですね。

岡田◆結果としては、思ったより進行していたということです。

すでに傍大動脈リンパ節に微小転移していたと考えられます。半年あればそれがある程度の大きさに育って、目に見える形で顕在化することはよくあることです。
でも、がんが猛威をふるうのはこれからですね。

再々発、転院

「泣きながらセカンドオピニオンに行きたいと、主治医に訴えた」

善本◇傍大動脈リンパ節に転移が見つかり、今度は、放射線と抗がん剤での治療をおこないました。

このときは、さらにツラかったです。
抗がん剤のツラさを再び体験しなくてはいけない。それだけでも十分ツラいのに、放射線治療のために治療室に向かうと、なんか嫌な臭いがするんです。がん特有のものなのか、治療室特有の臭いなのかわかりませんが、とにかく私は、がんになってから臭いに敏感になっていたので、それを嗅ぐのが本当に嫌でした。精神的な部分が大きいことは自分でもわかっていたんですけど、このときばかりは、先生が来ても逃げようとしたり、ときには母に当たったり、もうこのまま死んでもいいと考えたりと、本当にツラい日々でした。

それで、治療が終わり、そこから半年近く経過観察に入りました。

しかし、血液検査をするたびに徐々にマーカー値が上がっていって……。

岡田◆腫瘍マーカーのことですね。がん細胞が増えると連動して増える物質を腫瘍マーカーとしています。これは数字として計測され、通常は、数値が上昇し、正常値を超えたらがん細胞が増えている、つまり再発している可能性が高いと判断されます。

ただ、マニュアル的に正常値を超えたら再発と考えるのではなく、たとえ正常値内であったとしても上昇傾向ならば再発を疑ったほうがいいです。

善本◇それで、経過観察から5ヵ月経ったころに咳が出始めて、自分の中でも「これは再発したな」って思ったんです。案の定、その後、マーカー値が基準を超えてきたので、CTで一度しっかり調べてもらうことになりました。

その結果、肺門《はいもん》と縦隔《じゅうかく》、それから左鎖骨上窩《じょうか》それぞれのリンパ節に転移が見つかりました。

こうして、再々発となったわけです。

岡田◆肺門というのは、肺の入り口のこと。縦隔というのは、肺と肺の間のことで、善本さんは、左右両方の肺門のリンパ節、左右の縦隔のリンパ節、さらに左鎖骨のリンパ節と、合計5ヵ所に転移が見つかりました。

ここまでのがん治療の流れをおさらいします。

原発（最初にがんができた部位）は子宮頸がん（扁平上皮がん）。手術可能な病期でした。しかし、その時点ですでに傍大動脈リンパ節への微小転移（見えない転移）が起こっており、補助化学療法（全身抗がん剤治療）の甲斐なく再発しました。

再発箇所の傍大動脈リンパ節は化学療法併用放射線療法（抗がん剤と放射線）で治療しましたが、すでにがんは体の中を流れていて、両側の縦隔から肺門、そして鎖骨上窩リンパ節まで転移していました。そして、数ヵ月後に、再々発という形であらわれたということですね。

善本◇そう考えると、なんだか私の体はもはやがんだらけという感じですね。

岡田◆そうですね。おそらくこの時点で、善本さんの生存確率は０％と診断されていると思います。ここまで転移が及んでしまっては、手の施しようがない。「あとは、抗がん剤治療だけです」と伝えるのが普通です。

善本◇私も、今だったらこのときの病状の危険性はわかりますが、当時はまだ、どれくらい危険なのか理解していませんでした。

このとき、主治医の先生は「手の施しようがありません」とか「あとは緩和《かんわ》治療になります」とか、そういうことはいっさい言わなかったんです。

もし、言われていたら私もあきらめていたかもしれません……。

ただ、放射線の先生から、

「残された治療法は放射線の前面照射と抗がん剤しかない。ただし、放射線治療をすると、2年後には半身不随になっている可能性が高い」

とは言われました。

それを聞いて「本当に危ない、命の危険が迫っているんだ。たぶん、私の体はふつうの治療では助からないんだ」そう思って、猛勉強しました。

今まで、ろくに勉強なんてしたことなかった私ですけど、とにかく助かる方法はないか探しまくりました。

勉強しながら、それと同時にいろいろな人に連絡し、この状態でも診てくれるお医者さんを紹介してほしいとお願いしました。

そして、乳がんの名医と呼ばれる先生の紹介を得ることができました。

「この人なら、なんとかしてくれるかもしれない」

そう期待して電話で話したのですが、私の病状を説明すると、最初はよくわかっていただけなかったようです。

それでも私が「なんとかなりませんか？」とお願いしたところ、「この人ならなんとかしてくれるかもしれない」と、婦人科系のがん治療を専門とする清水敬生《しみずよしお》先生を紹介してくれたんです。

岡田◆私のお師匠です。がん研有明病院婦人科部長などを歴任された清水先生は、このとき、ご開業されて間もないころですよね。

善本◇そうです。東京の広尾で開業していました。それで、東京に出る前に主治医の先生に泣きながら「必ず先生のところに戻ってくるので、東京へセカンドオピニオンに出させてください」ってお願いしました。

私は、地元の主治医の先生が大好きでしたけど、やっぱりセカンドオピニオンに出るってその先生を捨てることだと当時の私は思っていたので、ボロボロと涙を流しながらお願いしたんです。

岡田◆セカンドオピニオンって、泣くほど重いものじゃないですけどね（笑）。だって、ほかの先生に意見を聞きに行くだけのことですから。

患者さんはもっと気軽にセカンドオピニオンに行ってもいいように思います。善本さんの主治医のように快く紹介をしてくださる先生も最近は増えてきました。

しかし、日本の医療界には、その地域でがん治療の中心となっている病院を頂点とした「ムラ社会」みたいな構造が残っている場合もあります。その「ムラ社会」の中で、ほかの医者に患者さんが相談に行くと、メンツをつぶされたといって機嫌を損ねる医師や病院があって、患者さんもたいへんだと思います。

善本◇はい。私の場合、**看護師さんに言われました。「もし、セカンドオピニオンするなら県外の病院で受けてくださいね」**って。

岡田◆そういう看護師さんもいるかもしれませんね。善本さんは、東京だったからよかったけれど、地元でと考えていた患者さんだと大変ですね。

善本◇主治医の先生も私の文字どおりの懇願にこたえてくれて、快くカルテを提供して送り出してくれました。

そして、東京へと旅立つわけです。今思うと、このときの私の状態って、そうとうヤバいと思うんです。そこで、先生のほうから、がんで死ぬことについて教えていただきたいのですが。

がんという病気の謎

「人はがんでは死なない」

岡田◆がんが進行するとどうして亡くなってしまうのでしょう。

組織に浸潤し、その後血液やリンパに侵入したがんがどこかに定着し、そして、そこでまた分裂を繰り返し大きくなる。こうして転移と呼ばれる状況になるわけです。

がんは、いつでもどこでも大きくなることしか頭にない細胞です。

では、どうして大きくなるだけのがん細胞が人の命を奪うのかというと、がんが大きくなることでさまざまな器官や内臓（臓器）の機能を低下させ不全状態へと追い込み、それが死に至らせるわけです。

がんで亡くなった人の死亡診断書の多くは「〇〇癌」としか書かれません。しかし、がんが直接、人に死をもたらすということではなくて、体を蝕みその結果亡くなるということになります。

たとえば肺がんの多くは、肺の中でがんが散らばったり、大きくなることで、肺本来の働きができなくなり、呼吸不全に陥ることが死亡の原因となります。

つまり、がんによって引き起こされた内臓の機能不全が人を死に至らしめるわけです。

ほかにも、食道がんが浸潤し、気管支にまで到達してしまうと、無菌状態の気管に食道から大量にばい菌（細菌）が供給され、重度の肺炎となり呼吸不全を引き起こすということもあります。

大量のがん細胞から酸が過剰に放出されてしまい、ホメオスタシス（体内の状態を一定に保つこと）を保てなくなり亡くなることもあります。

これらを考えると、**がんは、死に至る状態を作り出してしまいますが、厳密に言えば、がん**

細胞が直接人に死をもたらすことは意外と少ないのです。

亡くなる1週間前は食事もとれて話もできたのにっていうことがよくありますが、1週間でがん細胞が増えたわけではなくて、感染症とか○○不全とかほかの要因で亡くなってしまうのです。

転移が見つかると、多くの医師は根治をあきらめ、延命治療や緩和治療に移行しますが、ここでおこなわれる延命治療とは、抗がん剤で腫瘍を小さくし、少しでも内臓不全に陥るのを先延ばしするためのものです。

善本◇東京に出てきた当時の私のがんが進行した場合、どのようなことが起きて、死んでしまうと考えられますか？

岡田◆この時点でもっとも恐れていたのは肺転移です。鎖骨上窩のリンパ節転移を経て、リンパ液は鎖骨下静脈に流れ込みます。そして、心臓から肺に血液とともに運ばれます。ですから、鎖骨上窩リンパ節は、肺転移の最後の防波堤ともいえる場所です。ここを突破されたら肺への多発転移へとつながります。じっさい肺に1個怪しい影がありました。微細な転移巣として肺に進展している可能性もあったということです。

その他、傍大動脈リンパ節や骨盤内リンパ節転移の再発の可能性ですね。そのまま増大して周りの血管や消化管、尿管を圧迫して詰まらせたりするだけでなく、そこが新たな転移源になります。

ほかにも、骨盤、腹腔内の病変から腹膜播種。大量に増えたがん細胞による悪液質という状態からの衰弱など、とにかく、いろいろなところに転移しているので、考えていけば、かなりのケースが思い浮かびます。あまりたくさん書くと患者さんも怖くなってしまうと思いますから、このくらいにしましょう。

善本◇先生は治療中、私が死ぬ可能性というのは考えていました？

岡田◆治せると思いましたが、それはあくまで可能性があると思っただけで、正直なところ五分五分だと思いました。

ただ、「死ぬ可能性」という言葉になるようなことは頭にはありません。治すことだけに集中します。

それぞれの治療法を武器とたとえるなら、あちこちにがんがあるという状態でも、まだまだ武器は残されていたので、まずはその武器で闘うことだけを考えることが先決でしたから。

善本◇さすが「闘うがん治療」の提唱者です。

岡田◆善本さんの病期なら常識的には抗がん剤治療だけですけどね。

でも、常識にとらわれなければ、再発がん・転移がんでも、まだまだ闘う武器、つまり治療法は結構残されているものです。善本さんにもさまざまな武器を使いましたよね。

善本◇確かに、いろいろな武器を使っていただきました。そして、それぞれの治療をしてくださった先生方もみなさんとてもいい先生でした。

岡田◆そうなのです。**闘うがん治療は私一人でしているわけではないのです。同じように、治らないと言われたがん患者さんをよくしようとしている、同じ志を持った先生方の存在が大きいのです。**

善本◇本当にそうですね。

じゃあ、先生が私に使った武器をつまびらかにしていくために、続きをお話しします。

東京にセカンドオピニオンに出たところからですね。

このとき、私は清水先生のほかに、もうひとつセカンドオピニオンを受けようとした病院があったので、まずは、その病院に行きました。でも、そこで、いい話は聞けませんでした。詳しくは覚えていませんが、とにかく「うちではどうしようもない」という返事でした。

そして、その足で、清水先生のところに向かいました。

岡田◆「どうしようもない」、これが普通の答え、常識的な答えです。

善本、岡田と出会い、急進

「助けるから。助けて娘さんのもとに帰してあげるから」

善本◇だから、清水先生に会う前は、もう半ばあきらめていました。「もういい。地元に戻って娘のそばで治療すればいい」、そう思いながら、清水先生に会いに行ったんです。で、清水先生は、私の顔を見て、いきなりこう言ったんです。

「君、助かるよ」

その後、近くにいた看護師さんを捕まえて、「ねぇねぇ、この子ががんなんて信じられないでしょう」って言うんですよ。

カルテも見ず、診察もせず、いきなりですよ？　だから、このときは、まったく信用できませんでしたよ。「なんか、テキトーなことを言っている」としか思えませんでしたから。

その後もいろいろと話をしたんですけど、「(手術のときに) 傍大動脈のリンパ節も取っておけばよかったのに」と言われて、私は地元の主治医の先生が大好きだったんで、その人が私のためにしてくれた手術をバカにされたような気がして、ボロボロと泣き出しちゃったんです。

その後も清水先生は、治療法の話をしてくれたと思うんですけど、気持ちが高揚しすぎたせいでよく覚えてないんです。

でも、その後、ホテルに帰って冷静に考えてみたんですけど、もう普通の治療では助からないなら、この先生に頼るしかないと思ったんですね。信用はできなかったけど、ほかの人と違って、私を助けるための話をしてくれたわけですし。

それで翌朝、再び清水先生のところに行きました。そうしたら、やっぱりな、といった顔で「来ると思ったよ」って言われたんです。

なんだか、自分の行動を見透かされたような、ちょっとバカにされたような感じがして、悔しくてしょうがなかったんですけど、清水先生はその場でパパッと電話して、私に言いました。

「ここにね、岡田って先生がいるから。この人に診てもらえれば大丈夫だから。10分後に行ける？　タクシーだったら行けるよね？　はい行って」

もう、そう言われたら、行くしかないんです。悔しくてもこの先生を頼ったのは私自身ですから。

帰りの飛行機も予約してあって、フライトの時間も近かったのですが、タクシーの中で飛行機をキャンセルして東京共済病院に行き、そこで出会ったのが、この岡田先生というわけです。

岡田◆そのとき、私は共済病院に腫瘍内科医として勤めていました。そして、ここで、ようやく善本さんと私が出会いました。このときは、かなり精神的に動揺していましたね。

善本◇それは、清水先生に会ったせいというのもありますよ（笑）。

岡田◆でも、じつはそれが清水先生の心意気なんですよ。

私は清水先生から、この子は地元に帰ったら助からないから東京に残るべきだって聞いてました。

だから、地元に戻って気持ちが揺らぐ前に矢継ぎ早に行動に出たのだと思います。

感情を昂ぶらせて、余計なことを考えさせず、行動しやすい状況を作って、私のところに送り出す。しかも自分が軽く悪者になってまで、こういうことをしてくれる粋な先生なんですよ。

善本◇それを後で知って「やっぱりいい先生だったんだ」って思い直しましたけど、あのときは、まだ、あまりいい印象は持てなかったです。

でも、岡田先生も負けず劣らず、すごかったですよ。

まず、私に会ってカルテ（資料）を確認してすぐにこう言ったんです。

「助けるから」

今思うと、そんなこと普通言わないですよ。それでその後、こう言いました。

「娘さんのもとに帰してあげるから、1年間がんばろう！」

そう言ってくれたんです！

岡田◆うーん。言ったかな？　でも、その話にも根拠があって、清水先生から善本さんの病状と似ている、こんな患者さんの話をあらかじめ聞いていたのです。

「10年前に治療した37歳の女医さん。同じように鎖骨上窩まで転移していたのだけれど、鎖骨上窩は耳鼻咽喉科で手術してもらって治したんだよね。その女医さんは今も元気にしている。この子はそれと同じタイプのように思うんだよね」

この女医さんの症例は、私の治療の前提である〝オリゴメタ説（少数転移説）〟を裏づけるものだったので、とても心強いものでした。そしてそういう目で善本さんを見たとき、全身転移といっても転移しているのはリンパ節だけだということに気がつくと、善本さんの治療方針が明確に見えてきました。

善本◇その見えてきたというのは理論？　それとも勘？

岡田◆理論ではないですね。でも、勘と言われるとそれも違って、感覚という言葉が近いと思います。治るという感覚。治るというゴールまでのイメージが実感できた。そんな感じです。囲碁将棋でいう、終局までの手が読めたという感覚に近いと思います。

善本◇それで、私はそう言われて、「この人、女神様だ！」なんて思っちゃったんですよ。

岡田◆そんな大げさな。

善本◇いやいや、本当にそう思ったんです。

だって、このときの先生との会話は、いまだに一言一句覚えてるくらいですから。

それで、ひと通り話を聞いた後、**私が「わかりました。じゃあ一度、地元に帰って、支度をしてからまた来ます」と言ったら、先生の口から、私の心に残る名言が飛び出しました。**

「帰る意味ある?」

これも衝撃的でした。これから入院するんだから、一度帰って準備するのが当然です。

それなのに、その場で入院させてしまう。

でも、そのときの先生の言葉の強さに当てられたのか、治療を受ける前なのに「これで治る」って、勝手に決めつけてました。

岡田◆だって、病気の人を動かすくらいなら、元気な人が動いたほうがいいでしょ。帰って準備したり家族に話したいことがあるなら、家族が東京に出てきたほうが合理的じゃない。

それに、一度、地元に帰ったら清水先生が言ったとおり、心が揺らいじゃうかもしれません。

でも、いちばんは治療戦略上の意味ですね。治すと決意して治療方針が明確になった時点で、間髪入れずに治療する戦闘モードに私のスイッチが入ってしまったのだと思います。

ただ、「帰る意味ある？」というセリフはあまり覚えていませんが、次に言った言葉はしっかり記憶に残ってます。

善本◇覚えてますよ。「がん保険入ってる？」でした。

岡田◆保険。これは大事です。

善本さんは、2011年に健診を受ける前に、がん保険に加入していたんですよね。

善本◇ええ。ちゃっかりと（笑）。

しっかりとがん保険に入って、先進医療特約も付けてました。

がんとお金の話

「保険診療から重粒子線治療までのお値段」

岡田◆ありがたいことです。何しろ、お金の心配なく治療ができるわけですからね。

私の医療は基本的に健康保険の適用をうけますが、がん保険の先進医療特約にも入っていてくれれば、重粒子線治療もカバーできます。

善本◇保険の話が出てきたので、ちょっとここで、お金について話をさせていただきます。

日本の公的保険はものすごく優秀で、医療費が高額になってもその多くは払い戻され、最大でも月に25万円、だいたいの人は8万円ほどしかかかりません。長い闘病生活となるがんなどの病気の場合、最初の支払いから4ヵ月後にはさらに安くなり、当初の半額ほどですみます。

しかし、入院中は収入を得ることができません。いくら払い戻しされるといっても、少しずつお金は減っていきます。ですから、がん家系だとか、がんの心配があるなら保険に加入することをおすすめします。

岡田◆とくに私の場合、先進医療である重粒子線治療の専門病院にいるので、保険の重要性を大きく感じます。

重粒子線治療は、その当時がん治療の中でももっとも高額と言われ、さらにこれは自費扱いでした。

あらかじめ先進医療特約に入っている患者さんの場合は気が楽ですが、自費で治療を受ける患者さんについては気をつかいます。

いちばんツラかったのは、重粒子線治療なら治せるのに、高額な医療であるがために治療してあげることができなかったときですね。

でも、だからといって、医療費を安くするわけにはいきません。そんなことをしたら、病院経営が破綻して治療自体ができなくなってしまいますから。ですから、お金はいただかなければいけない。でも、そのお金のせいで患者さんを悩ませてしまう。

やっぱり、保険に入っている人を気兼ねなく治療するほうが、医者としても気がラクです。

善本◇こんなこと話していいのかわかりませんが、私の場合、がんで貯金が増えたくらいです。がんになったら500万。その後、1日入院ごとに5万円という保険だったので、本当に苦しいときなんかは、「外車を買ってやる！」なんて思いながらパンフレットを眺めていたことがあったくらいです。

……なんだか私たち保険会社の回し者みたいですね（笑）。

岡田◆たしかに。

でも、こんな仕事をしていると、やっぱり保険の大切さはわかりますね。

何しろ、善本さんの場合、私のお給料より実入りがありましたからね（笑）。

抗がん剤の使い方もいろいろある

「直接、病巣に注入する動注塞栓療法」

善本◇さて、こうして、私は岡田先生と出会い、治療が始まったわけですけど、最初は何をしたんですっけ？

岡田◆抗がん剤治療です。シスプラチンとタキソテールという抗がん剤による全身化学療法です。

このときの治療方針は、まず肺転移を回避することから始めました。鎖骨上窩のリンパ節に転移していると、すぐ下流にある鎖骨下静脈から肺にどんどんがんが入り込んでいく可能性が高いのです。つまり、鎖骨上窩リンパ節は、がんの肺転移に対する最後の防波堤のようなものです。ですから、まずは、鎖骨上窩のがんがこれ以上暴れないように、全身抗がん剤から入りました。

逆に言うと、見えない程度の肺転移なら全身化学療法で消せると思いました。

善本◇あ、でも、このときすでに肺転移も見つかったんですよね。

岡田◆そうでしたね。いずれにしても、ここまで進行してしまうと、もう早急に手を打たないといけない。再発・転移している人に全身抗がん剤を使うのは、当たり前の治療ですが、じつは、この治療が治すために使われることはほとんどありません。再発・転移の患者さんにおこなう抗がん剤治療は、ほとんどの場合、延命目的ですからね。

抗がん剤については、私の専門でもあるので、後ほど詳しく紹介したいと思いますが、このとき、善本さんの肺に転移したと疑われるものは1ヵ所だけですから、これなら、全身抗がん剤でも処理できると考えました。特に肺は、抗がん剤が十分に行きわたる臓器という特殊性もありますからね。

善本◇でも、抗がん剤の使い方もちょっと違いましたよね。

岡田◆これは清水先生に相談しながら決めました。

抗がん剤などの薬剤は、濃度依存性と時間依存性という効き方があります。濃度依存性というのは、薬剤が濃ければ濃いほどよく効くということ。時間依存性というのは長い時間、その薬剤が病巣に接触していればいるほどよく効くということです。

濃度依存性の薬剤はドカンと入れる、時間依存性の薬剤はだらだら入れるというイメージです。

シスプラチンは濃度依存性かつ時間依存性の薬剤です。シスプラチンは一度に入れても何回かに分割しても大差なく、分割したほうが効果があるという論文もあります。

それなら、**少量ずつ入れたほうが、副作用をコントロールしやすい分、いいですからね（通常は少量ずつ何回かに分ける手法はとりません）。とくに善本さんのように抗がん剤に弱い方はなおさらです。**

全身化学療法を2クール終えた時点で、1個だけあった肺転移を疑う病巣は消失しました。

この時点で、善本さんのがんには、この抗がん剤が効果的であることがわかりました。

認識できるほどの病変がコントロールできたのですから、もし、見つけることができない微細な肺転移があったとしても、コントロールできた可能性が高いと考えました。

一方、両側縦隔と肺門のリンパ節転移については小さくなっただけで残存したので、全身療法では根治できないと判断しました。しかし、この抗がん剤の効果があるうちに、より効き目の高い方法で、これらの病巣を抗がん剤でやっつけてしまおうと考えました。

善本◇それで今度は動注をおこなうわけですね。

岡田◆動注塞栓療法ですね。静脈からゆっくりと点滴で全身に入れていくのではなく動脈からカテーテルを入れ、がんの病巣までカテーテルの先端を持っていき濃度の高い抗がん剤を注入する。これが動注と呼ばれる治療法です。

がんの治療は、おおまかに分けると、全身に抗がん剤などを投与する「全身治療」（全身療法）と、手術のように病巣のがんだけを治療対象にする「局所治療」（局所療法）に分けることができますが、動注とは、抗がん剤を使った局所治療ですね。

動注塞栓というのは、動注をさらに進化させた治療法です。

がん細胞も生きるためには栄養や酸素などの補給路が必要です。その補給路となるのが血管です。がん細胞はどんどん増殖しますから、必要となる栄養と酸素も急激に増加します。そのためこれらを取り込むために新たに血管を呼び込み、専用の補給路を作り出します。

そこで、カテーテルを使って、この血管に塞栓物質を詰めて、補給路を断つ。戦国時代などが好きな人ならば、兵糧攻めと考えていただければわかりやすいと思います。これが塞栓療法と呼ばれる治療法です。

このとき実施した動注塞栓療法は、抗がん剤と、50から100ミクロン、つまり髪の毛の太さほどの粒を入れて血管に蓋をするというものです。蓋をされているので、抗がん剤は流れることなく蓋をした場所、つまり、病巣のすぐ近くに長時間滞留します。先ほど述べたように、抗がん剤は濃度と時間に依存しますが、この方法をとることで病巣部だけに高濃度の抗がん剤を長時間滞留させることが可能になり、全身療法では効果が不十分だった薬剤でさえ十分な効果を得ることができます。

善本◇でも、動注を使うお医者さんってそれほど多くはないんですよね。

岡田◆そうですね。全身抗がん剤治療と大差ないと思っている医師も多いです。じっさいにそのような論文もあります。

でも、私は医師になりたてのころ、亡くなった患者さんのご遺族のご厚意で、ご遺体を病理解剖させていただいていました。

今でも印象に残っているのが肺がんに動注をしたものの亡くなってしまった患者さんの病理解剖です。一目見て、びっくりしました。全身抗がん剤治療では効かなかったのに、同じ抗がん剤で動注療法をおこなった部分は完全に壊死していました。15センチもある腫瘍がすべて消失していたのです。

その光景は今も目に焼き付いています。動注療法のパワーを知った瞬間でした。

そして、これまで多くの患者さんにいくつかのタイプの動注療法あるいは動注塞栓療法をさせていただいていますが、やはり大きな効果が現れています。ですから、動注（塞栓）療法は、過小評価されていると思っています。

……だいたい、動注が静脈投与と違いがないと言う論文も怪しいものです。

なぜ怪しいかというと、動注をやったこともない医師が論文を集めて書いていることも多く、動注療法を行う医師のレベルがどれくらいかについては担保されていないのです。根拠となった論文は欧米の結果を反映していますが、この手の細かい技術が必要な治療法は日本人のほうが上手です。動注は手術と同じように、上手な医師と下手な医師では結果が大きく変わってきます。

ですから、善本さんの動注塞栓には、この治療の第一人者にお願いしたのです。

詳しくは後ほど話しますが、標準治療という治療マニュアルのような治療法に傾倒している医師は、二言目にはエビデンスと言います。

動注なら動注の論文をたくさん集めて、統計解析した論文。これをメタアナリシスと言いますが、これが、もっともエビデンスレベルが高い、信頼度が高いものとされています。

論文の筆者が動注をしたことがあろうとなかろうと関係ないのです。一見客観性はあるように見えますが、机上の空論というか、何か腑に落ちないのです。

医療は本来、個別性が高いもので、現場にこそ最適解が落ちている、つまり患者さんを診てこそ最適な治療ができると私は強く思います。私が尊敬している、東京慈恵会医科大学の創設者、高木兼寛《たかきかねひろ》先生の、〝病気を診ずして病人を診よ〟という言葉の中に、医師のあるべき姿があるように思います。

海軍カレーとがん治療

「病気を診て、病人を診ないのは昔・鷗外、今・○○」

善本◇先生、ここは演説じゃないから抑えて抑えて。

岡田◆あ、すみません。もう、こういう話になると、抑えきれなくて……。

高木兼寛先生は、当時の医学界に君臨するドイツ学派と闘っていました。ドイツ学派は患者さんを診ずに研究室にこもって論文を読み、その頃流行っていた細菌学説（病気は細菌がもたらすもの）を唱えていました。

今のがん治療は、それと似ているように感じられて、ついね。

善本◇今のがん治療と似ている？　それはちょっと興味のある話ですね。今のがん治療の問題点は、後ほどお話ししようと思っていましたが、少しだけ、触りだけでも、教えてくれますか？

岡田◆かしこまりました。少し余談も含みますが聞いてください。

みなさん、「海軍カレー」というのは、ご存じだと思います。海軍の名物です。

この海軍カレーの礎《いしずえ》を作ったのが高木先生なのです。

日清・日露戦争の時代です。明治の日本は外国との大きな戦いで陸軍は多くの死者を出しましたが、じつは、戦闘で亡くなるより、脚気《かっけ》という病気で亡くなった方のほうが圧倒的に多かったのです。

そのため、脚気の治療は急務となりました。

しかし、当時医学界で権威を持っていた、陸軍の医官トップでもある森鷗外《もりおうがい》が率いる東大学閥の人たちは、脚気の原因を細菌によるものだと思い込んでいたのです。

対して、海軍の医官である高木先生は、食事療法で治るということを知っていました。

じっさいに陸軍の兵士たちは脚気で亡くなっていましたが、海軍の兵士たちは、脚気で亡くなることはありませんでした。

それが、海軍カレーの威力だったのです。

どうして、食事を変えるだけで脚気が治ったのかというと、これは後に発見されることですが、脚気は、ビタミンB_1が不足することによって起こる病気なわけです。ビタミンB_1は当時の日本食ではあまり摂取されず、欧米の食事に多く含まれる栄養素です。そこで、高木先生は、欧米の食材を兵士に与えることを提案しました。

この欧米の食材を効率よく摂取するために生まれたのがカレーだったというわけです。

もちろん、これは高い効果を生み、脚気患者の激減へとつながるわけですが、細菌説を唱えていた東大を頂点にしたドイツ学派は、これを認めません。論文を集めて、理論を組み立てるような人は特に認めようとしません。

「原因は細菌に決まっているのだから、食事療法で治るなんてたまたまだ」

と、こうなるわけです。

しかし、じっさいに高い効果が出ているのです。自身の目の前で、脚気にかからず元気にしている兵士を見ているのです。

再発・転移。それも善本さんのように、再々発していたら、もう助からない、という常識にとらわれているのが、現在のがん治療です。

しかし、私は、再発・転移でも治る可能性があることを知っています。

それも、高木先生がおこなった食事療法のように、現在の医学、つまり、医師なら誰もが扱うことのできる治療で、治せることを知っています。

それでも、再発・転移は治らないと信じきっている人からみたら、「治るはずないのに、そんな治療を続けて何の意味があるんだ?」と、なるわけです。

高木先生も現在のがん治療も、ポイントは同じ。どんなに堅固な常識があっても、目の前に治っている患者さんがいるなら、常識など気にせず、現実を重視してほしいということです。

善本◇ たしかに今のがん治療で泣かされている人は大勢いますからね。

でも、治っている現実があるのに、どうして認められないのですか?

岡田◆ それは、簡単です。「結果は出ていますが、それはケースレポート(症例報告)ですから」という便利な言葉があります。医療はつねに100%の結果が返ってくるわけではありません。しかし、まれに150%の結果が返ってくることもあります。

このまれに出た特殊例を「ケースレポート」という枠に押し込めてしまえば、自分の信じる常識が覆されずにすむわけですからね。

もちろん、私の治療は特殊例ではなく、理論と実践に基づいていますが、すると今度は「エビデンスレベルが低い」と言ってくるわけです。

ただ、このように頑なに認めない人もいる一方、今は、現場で真剣に働いている医師たちは、うすうす、治る可能性については、気づいているというのが救いです。

善本◇ そうなんですか?

岡田◆ええ。もっと「いい方法」がきっとある。そのことに気づき始めているというのが現状です。ですから、この本で、そういう医師たちが目覚めてくれればありがたいなぁ、とも思っています。

がんと闘う〃武器〃はたくさんある

「もぐらは叩けば叩いた分いなくなる」

善本◇その「いい方法」の生きた見本が私ですので、先生がおこなった治療を説明してください。

岡田◆わかりました。善本さんと出会って、全身抗がん剤をおこなったところからですね。抗がん剤は人によって効果が違います。善本さんは、再々発でしたが幸いにも効果のある抗がん剤が残っていました。全身抗がん剤治療の結果、各所の腫瘍も縮小が見られました。また、新しい転移も見つからず、微小転移もそれほど心配しなくてもいい、と判断できたので、ここからは、全身よりも局所へアプローチする治療で大丈夫だろう、ということで、動注塞栓に踏み切りました。

善本◇そして、私は動注塞栓をしてもらうために大阪に飛ばされるわけですね。

岡田◆動注塞栓療法をしてもらうために、この治療法のスペシャリストの先生にお願いしました。先ほどお話ししたように、動注塞栓は、医師の腕によって結果が大きく変わりますからね。

そこで、動注塞栓の名医にお願いして、両側の肺門リンパ節、縦隔リンパ節、それから鎖骨上窩リンパ節のがんをしっかりとコントロールしていただきました。

東京にも動注の名医はいらっしゃるのでしょうけれど、そういう先生を探す時間をかけるより、大阪だろうともっとも信頼できる名医のもとに行ってもらったほうがいいと思ったのです。

そのおかげで、鎖骨上窩のがんが消えました。肺は全身抗がん剤で消え、動注塞栓療法をやっている間も新たな病変は出現せず、鎖骨上窩も消えた。これで、いちばん恐れていた多発肺転移は回避できたと考えました。また、肺門リンパ節、縦隔リンパ節のがんも、消えはしないものの縮小しました。

そこで、残った両側肺門と縦隔のがんをやっつけるために、手術に踏み切ります。

善本◇私のような多発転移の患者はふつう手術は選べないと思いますけど。

岡田◆そうですね。一般的には転移がんで手術はしません。

だから「お願いをする」のです。普通はできないけど、この先生なら手術していただけるという先生はいらっしゃいます。

こうして縦隔と肺門のリンパ節廓清手術をおこなうことにしました。

善本◇大阪で動注塞栓をやって、先生のいる共済病院に戻ってきたと思ったら、1ヵ月後には手術。この手術もツラかったですよ。

抗がん剤は体の内部から、ヘロヘロになっていくイメージですが、この手術は痛みによるツラさでした。

身体的には、このときがいちばんきつかったです。私の場合、左右両方の肺門と縦隔にがんがあったので、片側1回の手術に6時間、それを2回おこなうわけです。

岡田◆そうでしたね。この決断は、私にとってもツラく、本当にこれでいいのか何度も悩みました。清水先生が「この子は治るよ」とおっしゃっていたことを何度も思いだしながら何度も「本当にいいのか？」と、自問自答しました。

ただ、最初から、手術の必要性は想定していたので、だからこそ決断できたのだと思います。

そんな経緯があったので、とくに2回目の手術の後に、ＩＣＵで寝ている姿を見たときはやはり涙がでましたね。

よくがんばってくれたな、と。

善本◇　そうして頭をなでてくれて。私も胸が熱くなりました。

手術に話を戻すと、手術で、神経や骨の一部を切断することになるので、手術後の痛みもハンパなかったです。いまだに、背中の真ん中あたりは触っても何も感じないですし。

何よりきつかったのは睡眠です。とにかく背中が痛いので、普通に横になって眠ることができません。だから、椅子に腰掛けたまま眠る。そんな日々が続きました。

でも、寝ていても、ちょっとでも動くと痛みで目が覚めてしまうからまともに眠ることもできません。

さらに、横隔膜がしっかり動いてくれないから、深い呼吸ができずに浅い呼吸「はっ、はっ」という小さな呼吸しかできません。

そうすると酸素が全身に行き渡らないみたいで、少し体を動かしただけで、体が悲鳴を上げるのです。本当に、歩くだけでもフラフラどころか、靴下もまともにはけません。靴下をはくときって前かがみになるから、息を止めないといけないじゃないですか。でも、息を止めて耐えられるほどの酸素を体に入れられないので、一瞬でも無呼吸が続くと苦しくてもうだめ。

本当に、生きられるのだろうか？　このまま弱って死んでしまうのではないだろうか？と、とにかく不安が頭から離れない日々でした。

そんな状態の中、精密検査を受けたんですよね。

岡田◆少し特殊なMRIを受けていただきました。手術や放射線の後に、隠れていた微小転移が新たにあらわれたり、残存腫瘍が大きくなったりすることがあります。善本さんのがんは予断を許さない状況ですから、とにかく転移しているなら、小さなうちに徹底的に見つけ出さないといけません。

ですから、ここも腕のいい検査医の先生にお願いしました。この先生が実施している特殊なMRIは、まだ研究段階のものでしたが、ほかの患者さんについての分析でPET・CT以上の検出力を持っていることがわかりました。

その経験からこの先生にお願いすることにしたのです。

善本◇手術の痛みも残っている最中だったのでツラかったですけどね。

でも、ここでまた再発が見つかります。左の縦隔リンパ節、左鎖骨上窩リンパ節に再びがんが現れ、新規に、肝臓、腸骨リンパ節（骨盤内のリンパ節のひとつ）に2個出てしまいました。

ちょっと自分でもわけがわからなくなってきたので、もう一度、**がんの流れを整理しますね。**

まず、①子宮頸がんと診断され手術、②傍大動脈リンパ節に再発。抗がん剤と放射線治療で、傍大動脈のがんはなくなったけど、今度は、③両側の縦隔と肺門

と左鎖骨上窩に再々発。

東京に出て、岡田先生と出会う。調べてみたら、肺転移も見つかる。そこで、全身抗がん剤治療をおこない、肺のがんが消えました。次に、動注塞栓で左鎖骨上窩のがんが消えて、両側の縦隔・肺門リンパ節の手術。

そして、その後の精密検査の結果、④左の縦隔、左鎖骨上窩に再びがんが現れ、肝臓、腸骨リンパ節に新たながんが見つかる。

再々々発？　再が多すぎてよくわかりませんが、とりあえず、この時点で残っているがんは、肝臓と、腸骨、左縦隔、左鎖骨上窩それぞれのリンパ節ですね。まだ4ヵ所も残ってますよ。先生。

岡田◆そうですね。でも、私はこの時点で、出せるものは全部出した、善本さんの体に残っているがんはすべて炙りだしたと思いました。

結局、転移したがんとの闘いは、「もぐらたたき」なんですよ。

ゲームでは、叩いても叩いてももぐらが出てきますが、現実はゲームとは違います。叩けばその分だけ、確実にもぐらは減っていきます。

「もぐらは、叩けばいなくなる」が私の信条です。

ですから、再発はしましたが、確実に数は減っていて、いよいよ追い詰めてきたと思いました。こうなると詰め将棋のようなものです。あとこの4個を局所治療で処理していけばいい。まずは、縦隔と鎖骨上窩にIMRTという放射線治療をお願いしました。

IMRTとは、体の正面から面で放射線を照射する従来の方法と違って、細い放射線のビームを多方面から照射する方法です。コンピューターで制御して腫瘍を立体的にとらえ、腫瘍の部分だけにビームの重なりを作り正常組織を守りながら照射するという方法です。円の直径を何本も画《か》くと円の中心部分がいちばん濃くなりますね。そんな感じです。

これで、上の2ヵ所がコントロールできれば、腸骨と肝臓にあるがんの治療に取り掛かれる。そう考えていました。でも……。

善本◇先生があらかじめお願いしてくれて、できると聞いていたのに、いざ病院に行ったら「やっぱりできない」って言われたんです。

身体的にいちばんツラかったのは、先ほどの手術でしたが、このときは、精神を思い切りやられました。

手術後の痛みを抱えていて、まともに呼吸もできず、つねに酸素ボンベを持ち歩いて鼻から酸素を吸入して生きている状態です。さらに、体には蕁麻疹《じんましん》が出続けていて痒みと不快感も抱えていました。

こんなボロボロの体で病院に行ったのに、「やっぱりできない」ですからね。

身体的にツラかったときに、この言葉を浴びせられて、もう心が壊れました。もう助からないんだ。せっかく岡田先生と出会って希望の光が差し込んできたのに、もう無理なのかな。

光がそれで閉ざされて、目の前が真っ暗になりました。

断られたあと、その足で共済病院にいる先生のところに向かいましたが、正直言って、電車に乗った記憶すらありません。

治療を断られて、気づいたら先生の目の前。それで、先生の顔を見たとたん、泣いてしまったんです。先生の前で涙を流したのは、このときが最初で最後ですよね。

でも、そんな私を見て、先生はものすごく気楽な声で言ったんです。

「そうなんだ。とりあえず点滴1本いっとく?」って。

なんか先生のあっけらかんとした態度と、「1本いっとく?」というなんだか栄養ドリンクのCMみたいな言葉のおかげか、私も少し落ち着いて、点滴を打ちながら眠りにつきました。

岡田◆ こういうときに、患者さんの心情に乗っかってもただ時間が過ぎるだけですからね。とりあえず、安心してもらって、先に進もうと思ってそんなことを言ったのでしょうね。ちなみに、点滴はポカリスエットと同じ成分のもので治療的には何ら意味はありません。

善本さんの心を落ち着かせるための時間稼ぎです。いえいえ、じつは私にとっての時間稼ぎでもありました。善本さん同様、私も動揺していました。なにしろ、2～3日前に画像を持って相談しに行って治療の了承をとっていたのですからね。

　こういう展開になることはさすがに想定していませんでした。でも、動揺した姿は医師として見せられません。2時間の猶予は得たものの、本当に「どうしよう」って考えこんでいるうちにぽんと、以前、膵臓がんの患者さんを親身に診ていただいていた重粒子線治療の先生が頭に浮かびました。

　すぐに重粒子医科学センター病院（当時）に電話をして事情を話しました。超多忙であるにもかかわらず快く婦人科担当の先生に連絡してくださいました。普通は外来受診するまででも1～2週間かかるのに、とんとん拍子に外来日が決まりました。

善本◇驚きましたよ。点滴が終わって、私が起きたら、先生がすぐに「いついつにここに行って」って、新しい治療法を提示してくれたんですから。

　でも、結局重粒子センターに行って診てもらったら、「肝臓と腸骨リンパ節がコントロールできたら重粒子をやる」って言われちゃったんですけどね。

岡田◆そうでしたね。でも、これでどうにか、根治の可能性が残りました。重粒子線治療という蜘蛛の糸をつかんだということですね。この膵臓がんの患者さんのことがなければ、重粒子線治療は浮かばなかったと思います。何とかしなければと必死に考えていたら、目の前に蜘蛛の糸が下りてきたという感じです。

それで、今度は下の治療に入ります。肝臓と腸骨リンパ節ですね。ここは、ラジオ波のスペシャリストの先生に診てもらおうと、善本さんに飛んで行っていただきました。

ラジオ波とはラジオ波焼灼《しょうしゃく》術という治療のことで、AMラジオで使われている周波数に近い高周波の電流を使います。電極を体に差し込んで電気を流し、そこで発生した熱によって病変を焼き固めるという方法です。

善本◇で、その先生からは「肝臓はいつでもいいから」って言われました。

これは、肝臓はいつでもやるから、まずは腸骨リンパ節をなんとかしてから来てくれ、という意味ですね。

そこで「それじゃあ、腸骨リンパ節の動注に行ってきます」と言って、その足で、動注塞栓療法をやってもらった先生のところに行きました。

以前、岡田先生から、「人を巻き込むのは、本人次第だ」って言われたことがあります。岡田先生の治療は、まさに人を巻き込む治療です。そもそも普通はやらない手術をお願いしちゃうような人ですから。

そこで、そんな先生を見習って今度は私自身で、人を巻き込むことに挑戦してみたんです。

それで、動注塞栓をしてくれた先生に「肝臓はいつでも診てあげるって言われたので、腸骨リンパ節をお願いしたい」と言ったら、その先生が「いいよ。全部僕がやるよ」と、腸骨リンパ節だけでなく肝臓の動注も快諾してくれました。

その後、岡田先生とも相談し、とりあえず、これで少しでも小さくなれば、重粒子線治療が受けられるだろうからやってみよう、と話が決まり、治療を受けたんですけど、驚いたことに1回の動注で、肝臓と腸骨リンパ節のがんがきれいさっぱりなくなったんです。

動注塞栓は、衝撃が来るんですよ。「ドン！」って。この衝撃を感じることで、初めて「ここにがんがあるんだ」って体感ができました。

でも、この衝撃が結構きつくて、動注塞栓をしてくれた先生に「これ以上やったら死ぬかもしれません」なんて言ってました。「大丈夫、それくらいじゃ死なないから」と返されちゃいましたけど。

それで、重粒子線治療を受ける条件が完璧に整ったので、満を持して重粒子線治療をおこないました。

岡田◆やっぱり動注というのは、優れた治療法なんですよ。

医師なら誰もが、知っているとは思いますが、もう少し、当たり前の治療として広まってほしいですね。

善本、生存率0％から、残存病変0へ

「日本発の世界に誇る医療技術」

ね。

岡田◆そういえば、私の大好きな重粒子線治療（炭素線治療）の解説ってまだしていません

重粒子線治療というのは、放射線療法に分類される治療法です。水素より重い粒子を重粒子としていますが、医療用に用いられるのは炭素の核である炭素イオンです。炭素イオンを加速器で光速の70〜80％近くまで加速し、病巣にのみ作用させるという治療法です。粒子線治療の特徴はそのエネルギー分布にあります。一粒の炭素イオンはレーザー光線のようにまっすぐに飛んでいき、任意の場所であたかも物質が壁にぶつかり破裂するかの如くすべてのエネルギーを放出することができます。これをブラッグピークと言いますが、このような性質を利用して腫瘍のある部分にのみ照射をすることができます。

また、重粒子線治療とよく似た陽子線治療というものがありますが、重粒子線は陽子線と比べ、約3倍のブラッグピークを作るため、ＤＮＡ2本鎖切断を可能にし、ほかの放射線療法にはない腫瘍殺傷能力をもたらします。その結果、通常の放射線では効果が不十分な腺がんや肉

腫にも良好な成績を残しています。このすばらしい医療技術は日本オリジナルです。そういうところも全部お話ししたいのですけれど……。

善本◇すみません先生。何がなんだかさっぱりわかりません。すごい治療というのは、なんとなくわかりますが……。

岡田◆すみません。また、暴走してしまいました。

でも、重粒子線治療の技術的な解説をしていくと、それこそ、それだけで本1冊分になってしまいますので、ものすごく簡単に説明しますね。

重粒子線治療は、放射線療法というより、手術で病巣を切り取るようなイメージです。体を切らずに、また腫瘍以外をほとんど傷つけずに腫瘍だけを切り取ってしまう。これだけでも、重粒子線治療がすばらしい治療だとわかりますよね。

ただ、メリットもあればデメリットもあります。**重粒子線治療のデメリットはなんといっても費用の高さ。ほとんどのがん種で健康保険が適用されないので、重粒子線治療部分だけは自己負担、つまり患者さんの10割負担です。先進医療の中でも、重粒子線治療はかなり高額で314万円です。**

善本さんの場合、先進医療特約に入っていてくれたので、重粒子が気兼ねなく使えたというのも大きいですね。

重粒子線治療は体に大きな負担をかけません。ですから、重粒子線治療の医師たちは目の前にいる患者さんをできるかぎり治療しようとします。

そのため重粒子線治療に携わっている医師たちは論文を書く時間をなかなかとることができず、また、高いエビデンスを得るための比較試験をする余裕など、とてもありませんでした。つまり、現在の常識にぶらさがっている医師たちが大好きな、「エビデンス」というものを提示できなかったわけです。

私は、患者さんを治そうという気概を持って重粒子線治療に携わっている医師と医療スタッフの日々の努力や、重粒子線治療が患者さんの予後を明らかに改善し、たくさんの患者さんを治しているのを見ています。

ですから、論文がない＝エビデンスがないからと、この治療の道を閉ざそうとする人たちを理解することはできません。

重粒子線治療は日本の最優秀の技術者たちが患者さんのために作ってくれた、日本が誇る世界最高峰の医療技術です。中曽根《なかそね》康弘《やすひろ》内閣ががん撲滅の願いを込めて作った国策医療です。重粒子線治療を見たことも、やったこともない人が、こういう背景も知らずにこの治療の存続に関わる発言をしていることに違和感を覚えずにいられません。

疑うならば、その前に一度、重粒子線治療の現場をしっかりと見に来ればいいのです。

善本◇先生、ほら、また出てますよ。暴走グセが……。
岡田◆すみません。善本さんの前だと、つい気を許して暴走しちゃいます。
善本◇えー、では、話を戻しまして。
局所治療として見た場合、重粒子線治療は、相当な効果が期待できるんですよね？
岡田◆そのとおりです。**重粒子という技術自体はたいへん優秀です。何しろ、ほかの治療法で治せないがんをやっつけることができる**のですから。保険適用になれば、もっと普及するのにって思います。本来は、こういう医療こそ国民保険でやるべきものです。安全性と効果が確認されている優れた医療だけれど高価で手が出ない医療。ふだん、お金を払っておいて、万一病気になったら、高額な治療費を保険で賄う、というのが保険のコンセプトですから、重粒子線治療はこの概念にぴったりです。
風邪薬のように、自費でも買える価格で、飲まなくても自然に治る疾患に保険が適用されていて、重粒子線治療がほとんど適用になっていないのですから、大人の世界は嫌だなって思うことがあります。
じっさいに、善本さんも重粒子線治療で残存病変ゼロになったわけですからね。
善本◇そうなんです！
動注で、肝臓と腸骨リンパ節のがんがなくなって、重粒子線治療を受ける条件だった下のコントロールが終わったので、重粒子線治療を週に4日間、これを1ヵ月ほど受けました。その結果、左鎖骨上窩、左縦隔リンパ節のがんもきれいになくなったのです。

手術後に残った4ヵ所のがん、肝臓、腸骨リンパ節、左鎖骨上窩リンパ節、左縦隔リンパ節。

肝臓と腸骨リンパ節は動注で消え、左鎖骨上窩と左縦隔のリンパ節は重粒子線で退治できました。

これで私の治療は終わりです。

岡田先生と私のがんとの闘いは7ヵ月で、がんの残存はゼロ。

最終の治療となった重粒子線治療から約3年経っていますが、残存ゼロのままです。医学的には、まだ完治と言ってはいけないかもしれませんが、私の中では、もうこれは完治です。

岡田◆じつは重粒子線治療にも隠れた努力がありました。通常重粒子線治療は1ヵ所しかできません。でも、善本さんのがんは、左鎖骨上窩と左縦隔の2ヵ所です。では、どうやって1ヵ所しかできない重粒子治療で2ヵ所の治療ができたのでしょう。重粒子線治療をするにあたり、どこにどう照射するのかという治療計画というものを作ります。3Dプリンターみたいに CT 一枚一枚に手描きして立体構造にしていきます。そのときに左鎖骨上窩と左縦隔をひとまとめにして計画をしてくれていたのです。

このときは、「そういうやり方もあるのか」くらいにしか思っていませんでした。でも、重粒子医科学センター病院に勤務して、あらためて善本さんの治療計画を見てみると、そこには重粒子線治療の主治医の先生の努力の跡が残されていました。どうしても治してあげたいという気持ちが伝わってくるようで、胸にあついものがこみあげてきました。

「君、助かるよ」の予言は的中

「あきらめずに闘うがん治療はどうすれば受けられるのか」

善本◇子宮頸がんから始まって、子宮まわりのリンパ節、傍大動脈リンパ節、両側の縦隔・肺門、左鎖骨上窩など多発リンパ転移、肺転移、さらに肝臓、腸骨リンパ節とここまで転移しまくったがんがこれで完全になくなりました。

岡田先生以外の人に診てもらっていたら私は絶対に助からなかったと思います。

体のほうもがんになる前の体力を順調に取り戻し、今ではランニングもできるくらいになりました。

岡田◆一般的には5年がんが見つからなければ、完治と言ってもいい、とは言われています。でも、善本さんは、最初に清水先生が「君、助かるよ」と予言したとおりになると思いますよ。

それに、いろいろな〝武器〟を用意しましたが、結局、抗がん剤、動注塞栓、手術、重粒子線治療しか使っていませんからね。ラジオ波、IMRT、手術も腹腔鏡手術、まだ使える抗がん剤もあります。だから、がんと闘う武器がいっぱいあるので、安心してください。

善本◇ いやいや、もういいです。これで私のがんは完治です（笑）。

でも、本当にありがたいことです。

もちろん、最初に手術をしてくれた先生、動注をしてくれた先生、重粒子線の先生、検査をしてくれた先生。すべての先生に感謝していますが、やっぱり、この先生たちを動かしてくれた岡田先生にいちばんの感謝を送りたいと思います。

本当にありがとうございます。

そういえば、がんが治ってから、先生のことを考えて、こんなことを思ったんです。

「ブラックジャックって、ほんとうにいるんだな」って。

だって、私のがんは生存率で言えば0％だったわけじゃないですか。

それを治した、これはつまり奇跡を起こしてくれたんですよ。

これをブラックジャックと呼ばずしてなんと呼ぶ！

岡田◆ ブラックジャック！

マンガですけれど私の超憧れの人です。

目の前に患者さんがいたら、すぐに即席の無菌室を作って、その場で手術。患者を救うという使命を内に秘め、どんな難しい手術にも挑むその姿。医学界の権威と闘いながらひとり信じる道を行く姿はやっぱりかっこよかったです。

私は、その姿に憧れて、医師の道を進んだと言っても、過言ではありません。さすがに無免許医になろうとは思いませんでしたが（笑）。

ですから、医学部に入ったときは、「私はブラックジャックみたいな外科医になるの」って、周りの人たちに公言していたくらいです。

でも、医学部3年生の解剖のときに、同級生の手先の器用さを見て、これはとてもじゃないけど、太刀打ちできないと感じて、内科医の道に進みました。このときは一度ブラックジャックになるのをあきらめました。

善本◇でも、岡田先生は、あきらめないこと、病気と闘うことへの熱意はブラックジャックに負けないくらいに持ってますよ。
あと、それこそすぐに無菌室を膨らませて治療をするブラックジャックのように、先生の治療も、とにかく時間を空けずにどんどん進めていくじゃないですか。

岡田◆そうですね。もたもたしているとがんの数が増えたり大きくなってしまって処理できなくなりますからね。患者さんにもよりますが戦略にのっとって間髪入れず治療することが勝因になるように思います。

善本◇それに、岡田先生が紹介してくれた先生は、みんな名医と呼ばれる人たちばかりじゃないですか。私が、先生のことをブラックジャックだと思ったのは、この部分なんです。

マンガの中のブラックジャックは何でもできるイメージがありますけど、何でもできるお医者さんは、現実にはさすがにいないと思います。

でも、岡田先生は、**病気の全体像を把握して、必要に応じてパッと病院の垣根を超えて優秀な先生方にお願いができる。**

岡田先生の病気と向き合う姿勢と、それに賛同し協力してくれるお医者さんを集めた体制。これこそ、現代のブラックジャックだと思ったんです。

岡田◆**私一人では、患者さんを治すことはできません。**だから、多くの人に協力をお願いしているわけですが、多くの医師が集まって、ブラックジャックになると言われれば、たしかにそうかもしれません。**チーム・ブラックジャック**ですね。

善本◇そうですよ。だから、私は、岡田直美という医師を多くの人に知ってもらいたい。みなさんにも、治っていただきたい。この「あきらめずに闘うがん治療」を受けてもらいたい。そう思っています。

でも、冷静になって考えてみると、再発した人全員が岡田先生に診てもらうなんてことは物理的に不可能ですよね。

はっきり言って、私の命があるのは、ただ運がよかっただけです。たまたま地元でいい先生に巡りあって、たまたま岡田先生に診てもらえた。本当にそれは運だけです。

でも、この運を私だけのものにするのではなく、運を形にする、運ではなく、システムとして創りあげたい。そう考えているんです。

そこで、**どうすれば、進行がんや再発・転移したがんをかかえる人たちが、先生が提唱する「あきらめずに闘うがん治療」を受けることができるのか。**

それは、患者さん自身が行動を起こす必要があると思います。

そこで、この本は、あきらめない治療を受けるために患者が何をすればよいのか。そのことについて話をさせていただければと思っています。

岡田◆私一人が、いくら「再発・転移してもがんは治る」と言っても、その声はまだまだ小さいのです。

でも、もし、患者さんがあきらめずに治すという道に挑んで〝生きること〟を勝ち取ってくれたなら、多くの医師が変われると思います。私の言っているあきらめないがん治療は「主治医があきらめないがん治療」でもあるのですから。

いきなり生存率0％を突きつけられたら

「ブラックジャックのワンピース」

善本◇そうですね。私も患者会を通して、いろいろな患者さんとお付き合いしていますけど、お医者さんよりも患者さんを変えたほうが、今のがん治療を変えられるように思っています。

あと、もうひとつ、患者さんが闘う治療を選ぶことには大きな意義があります。私の知り合いには、がんで亡くなった人もたくさんいるんですけど、どれほど「もう治らない」とあきらめているようでも、やっぱり死が近づいてくると「もっと生きたい。あきらめたくない！」って思っている自分に気づくのです。

再発・転移した人は、もう治る見込みがないと言われていますけど、たとえ1％でも治る見込みがあるなら、その方法を紹介したい。その可能性をつかみとる方法を教えてあげたい、と私は思っています。

岡田◆そうですね。現在のがん治療では、再発・転移した人は、いきなり生存率0％を突きつけられます。

「抗がん剤しか手はありません」と言われて、患者さんはほとんど選択肢がありません。でも、抗がん剤はやがて効かなくなることがほとんどです。使える薬剤は限られているので、あるとき「もう治療法はありません」と言われ緩和医療を勧められます。

これは、「標準治療」というマニュアルでこのように〝決められている〟ので、多くの医師が本意であるなしにかかわらずこの「絶対に治らない治療」を勧めざるをえないのです。

しかし、少なくとも、再発なり転移の直後、まだ使える武器がたくさんあるうちならば、本当は十分に勝てる治療ができる、つまり治すことができるように思います。

善本◇そうですよね！

治るかもしれないという可能性が目の前にあれば、きっと、多くの人が選んでくれると思います。でも、そうなるとどの程度の可能性なのかが気になるところですけど。

岡田◆私のがん治療は個々の患者さんの病状の診断を正確におこなうことから始まります。そういう意味で個別性が高いので一概には言えませんが、再発や転移が明らかになった直後で武器が十分に残っている患者さんの病態というのは、善本さんよりはるかに単純であることが多いと思います。

善本◇でも、これは治らない病気を治すことが趣味の先生が患者さんを診た場合ですよね。

正直なところ、善本さんはかなり難しい症例でしたけれど勝てましたからね。

ほかのお医者さんが診た場合だとどれくらいの可能性になると思いますか？

岡田◆先ほど、標準治療がマニュアルとして、「決められている」とか、主治医は絶対に治らない治療を「勧めざるをえない」という表現をしましたね。

つまり、親身に患者さんに対峙している医師たちは、うすうす気がついているのです。標準治療以上の治療をすることで治るかもしれないと。

しかし、それでも踏み込めないのです。

それほど、「標準治療の常識」というのは、思った以上に高い大きな壁です。標準治療以上の治療をするというのは、技術的な問題よりも、それに対する抵抗感のほうが問題なのです。

善本さんの肺門と縦隔の手術がその好例で、胸部外科の先生にはご説明をして手術のＯＫをもらいましたが、直前になって「本当にいいのかな」という言葉を投げかけられました。

そのような言葉をもらってもぶれないこと。これが標準治療外の治療をするとき、もっとも難しく重要なことです。

しかし、「どうしても治したい」という気概さえ持てれば、再発・転移した患者さんでも、かなりの数を救えるようになると思いますよ。

善本◇つまり現在のがん治療の常識……。ここがまず難関だということですね。

これは、お医者さんが率先して常識を改めるというより、患者さんが現在のがん治療でどのようなことがおこなわれているかを知り、「常識の外に可能性がある」ということを患者側から主治医にお願いするという形が望ましいと思うのですが。

岡田◆そうですね。結局治療を選ぶ決定権は患者さんにありますから。

そこで、患者さんがしっかりと提案をしてくれたら、主治医も「常識の外に可能性がある」ということを学び、アクションを起こしてくれるかもしれません。

こうして多くの医師が、ブラックジャックのワンピースになってくれれば、医療界全体が変わってくれるのでは？　と思っています。

善本◇一瞬、顔に継《つ》ぎ接《は》ぎのある医者が海賊王を目指す絵が頭に浮かびましたが……。

多くの医師がブラックジャックの一欠片《ワンピース》になるというのはいいですね。

でも、きっと、**お医者さんの中にある「再発・転移したらがんはもう治らない」という思い込み、病気と言ってもいいくらいに思い込んでしまっているこの常識さえ取り払ってくれれば、多くのお医者さんがブラックジャックになれる**と思いますよ！

岡田◆そうなったら、今のがん治療も大きく変わる気がします。標準治療の常識の壁は少しずつ低くなっていますからね。

善本◇患者から今のがん治療を変える。こうなったらステキですよね。

でも、患者さんが、お医者さんの常識を変えるには、現在、お医者さんがどのような常識でがんを診ているのかを知らなくてはいけません。

ということで、ここからは、今のがん治療にどのような問題があるのか、逆にどのようにすばらしい面があるのかなど、現状を知っていただきたいと思います。

岡田◆やっと、言いたいことが言えます。

善本◇ちょっと私の病歴の話が長くなりすぎましたね。すみません。

岡田◆どうでしょう？　私はここまでひどいがんの病状になった人でも助かる、という話はそれだけでも価値があると思いますよ。

善本◇そう思っていただければ幸いです。

では、がん治療の現状のお話に入りましょう。

第二章

再発がん患者に立ちふさがる高い壁

標準治療ががん患者を見放すとき

「再発したら絶対に治らない。延命治療しかない」(主治医)

善本◇ここでは、いろいろな患者さんの治療録を見ながら、現在のがん治療の話をしていきたいと思います。

ただ、紹介する治療録は、私の患者会に来ていただいている方にお願いして書いていただいたので、婦人科系のがんが多くなってしまうことをご了承ください。

岡田◆私は婦人科系だけを専門にしているわけではありませんが、善本さんの患者会は女性が中心ですからね。

善本◇また、今回は岡田先生に解説をお願いするわけですから、途中から岡田先生にかかわってもらった患者さんの事例を用意しました。そのほうが、岡田先生の治療によってなにがどう変わったか、問題点についても読者の方にわかりやすくなると思いまして。

もちろん、協力していただいた患者さんには、承諾していただいています。

岡田◆私の知っている患者さんの事例を用意していただいたんですね。

善本◇というわけで、このYさんという患者さんのケースから見てください。

❖ ケース1　Yさん（50代）

2011年2月	不正出血により検査。子宮体がんと診断
3月	単純子宮全摘術＋両側付属器切除術＋骨盤リンパ節廓清、傍大動脈リンパ節生検
	病理検査結果：がん肉腫ⅠB期
4月〜	術後補助療法として、全身化学療法（TC）3クール
6月〜	経過観察（3ヵ月ごと）
2012年11月	エコー検査にて骨盤内腫瘤が見つかり、再発の診断
	主治医より「再発したら絶対に治らない。延命治療しかない。早めに地域の医療機関と連携しないと家族が大変（緩和ケアの意味で）」と言われる
12月	MRI検査→腫瘍は70×90×110㎜
	全身化学療法（TC）6クールの予定で治療開始
2013年2月	3クール終了時のMRI、CT検査→腫瘍は50㎜程度に縮小

5月

主治医にセカンドオピニオンの希望を伝えると

「あなたの治療のためにほかの人の治療が後回しになるんだから、セカンドを希望するなら次の抗がん剤の予約はキャンセルする」と言われる

6クール終了後、MRI、CT検査→腫瘍は25㎜に縮小

全身化学療法（TC）3クール追加となる

7月

セカンドオピニオンを受けるが、このような返答

「もっと早く来ればなんとかなったのに。効いてもいない抗がん剤をこれだけ続けたらほかの治療ができないんだ。遅すぎた。気の毒だけど」

8月

追加の3クールが終了。骨髄抑制が強いため3ヵ月の休薬

PET・CT検査→仙骨転移の診断

9月

主治医より「うちの病院では延命治療としての全身化学療法しかできない」と言われる

岡田医師のセカンドオピニオンを受け、医師にご紹介いただいた病院へ転院

11月	転院先で手術。腹腔鏡手術にて腹腔内再発腫瘍を小腸、小腸間膜とともに摘出
	切除断端陰性で、肉眼的に再発腫瘍完全切除（腫瘍は52×41㎜）
	残存する仙骨部の治療のため、地元の重粒子線医療センターへ
2014年1月	PET・CT検査→肝臓への転移が認められたため重粒子線治療は断念
2月	全身化学療法（IP）3クール
5月	造影CT、PET・CT検査→画像上では病変は認められず
	見えなくなっている病変部への積極的アクセスとして、岡田医師に、また病院を紹介してもらう
6月	動注塞栓術3回
2015年1月〜	また違う病院にて、低用量抗がん剤治療併用温熱療法3クール（シスプラチン単剤　10㎎）
4月〜	1ヵ月に3回程度の温熱療法を継続
2016年3月	再々発の所見はなし

善本◇まず、この治療録の見方について説明します。治療法と治療時期が記されていますが、用語、治療法がわからない、という方がほとんどだと思います。

そのような方は、太字のところだけ、ご覧になっていただければわかるように、話を進めていきますのでご安心ください。

ただ、闘病中で治療法や抗がん剤に関する知識を持っている方なら、岡田先生の治療法がおわかりになるでしょうし、希望になるかもしれないと思い、そのまま記載しています。

また、知識のない方でも、ご自身の主治医に、「こんな治療をしている人もいるけど、どう思いますか？」と見せるなど、会話の一助にでもなれば幸いと思い、そのまま掲載することにしました。

ということで、まず、Yさんの問題点から話していきましょう。

Yさんは、現在再々発の所見もなく、治ったと言っていい状態だと思います。この良好な現状は、ひとまず置いといて、問題点としては、まず「再発したら絶対に治らない」という主治医の言葉ですね。これについて先生はどうお考えですか？

岡田◆これこそが今のがん治療ですね。

がん治療には、最良の治療として推奨される「標準治療」というものがあります。

これまでにも何度も話の中に出てきましたが、標準治療について詳しくお話をさせていただだきます。

これは、各がんのステージ（進行度）によって、どんな治療がいいのかを示したもので、多くの医師が標準治療に従って治療方針を決定しています。

この**標準治療があるおかげで、日本の医療の水準はかなり高いレベルでまとまっている**、とも言えます。

ステージが低い状態で発見されたがんならば、標準治療が示す治療をおこなうことで、一定の成果をあげることができます。

がんは、各疾患について病期ごとに5年生存率が出ていますが、標準治療で治る可能性が高い場合は、基本的にそれ以外の治療をするほうがリスクが高くなります。

つまり、私にしても、**標準治療で成果が出る病期ならば標準治療を強く勧めます**。

きっと、みなさんの周りにも、がんになったけど、今でも元気に暮らしている人がいるのではないでしょうか？　これこそ、まさに標準治療の成果だと思います。

しかし、そんなしっかりと作られている標準治療も、がんが再発・転移すると一転して患者に牙を剝きます。

「もう治りません。化学療法だけです」

化学療法とは、全身抗がん剤治療のこと。これが、再発・転移後に推奨される標準治療です。

化学療法のみでがんが治ることはほとんどありません。ですから化学療法のみが推奨されている標準治療では再発・転移したがんを治すことはできないのです。

これが、がん治療の現状です。

そして、ほとんどの医師が標準治療にのっとって、がん治療をおこなっています。

そのため、「再発・転移したら治らない」というのは、もはや「医学界の常識」と言ってもいいレベルにまで浸透しています。

つまり、この患者さんの主治医も、悪気があって言ったわけではありません。あくまで常識的な意見として「再発・転移したら絶対に治らない」と言っているだけなのです。

善本◇ 私の患者会に来る人たちは、私自身が再発・転移で助かったためか、同じように再発・転移した患者さんがたくさんいらっしゃいます。

やっぱりみなさん、この方と同じようにお医者さんから治らないと言われた人がほとんどです。

標準治療とは何か？

「患者には良し悪しがわからない医療というサービス業」

岡田◆そうでしょうね。

標準治療はエビデンスに基づいて作られています。

エビデンスとは、日本語にすれば「証拠」、医学界では「臨床結果」という意味です。

専門医や各がん学会が、統計学の手法をつかって治療成績を比較し、そのなかで、もっとも評価の高い治療が標準治療となります。これを日本では、国立がん研究センターが中心となって、がん治療の全国レベルの質の向上をめざし、各地の病院、医療施設で標準治療が行われるよう実践の輪をひろげています。

先ほど、標準治療で十分な効果が見込める病期（ステージ）であるならば、強く標準治療を勧めると言ったのはそういう理由です。

一方で、標準治療はすべての病期における「最良の治療として推奨される」治療法が書かれていますが、先ほども話したように、再発・転移の場合、ほとんどのがんで「全身化学療法」が最良とされています。

そのため、仮に医師が化学療法だけでは治らないとわかっていても、病院の方針として標準治療以外できないということも多くあります。

化学療法だけしかできず、そしてその方法ではけっして治らないというのは事実ですから、主治医のこの発言は、現状をそのまま言葉にしただけとも言えます。

善本◇でも、先生は実際に私をはじめ、多くの患者さんを再発・転移から救っているじゃないですか。

岡田◆そうですね。私は、再発・転移がんでも根治をめざせる患者さんに対しては標準治療はあくまで参考にするだけに留めていますから。

しかし、先ほどお話ししたとおり、いくら私が再発・転移した患者さんを治したからと言って、「それは単なるケースレポートでしょう」「エビデンスというにしては弱い」と一蹴されてしまうのです。

これまでの治った患者さんのすべてについて分析し結果を論文にしても、それは後ろ向き試験（過去のデータをまとめたもの）で、客観性に乏しいと、高く評価されることはありません。勝ち負けを論ずる問題ではありませんが、客観性というものを何よりも重要と考えている限りは、私という〝個人〟がどんなにたくさんの患者さんを治したとしても、治療をしたことがない「論文屋さん」に勝つことは不可能なのです。

善本◇でも、何人もの患者を救っている姿をこの目で見ている私としては、エビデンスなんて言われても、じっさいに治っている人がいるなら、治す方向でがんばっていただきたいと思うんですけど。

岡田◆そのように言っていただけるのは、ありがたいのですが、エビデンスについて少しお話ししますね。

こういう言い方をしていいのかわかりませんが、**標準治療は、もともと、いいかげんな診療、治療をしている医師を底上げするためのものでした。日本の医師は比較的粒がそろっているのですが、医療の均てん化（全国どこででも同じ水準の治療ができること）のために標準治療という考え方が欧米から導入されました。**

ご存じの方もいるかもしれませんが、欧米では医師の水準に大きなばらつきがあり、医療過誤による死亡のほうが、病気が原因である場合より多いと言われる時代すらあったほどです。

美容院やホテルなどのサービス業ならば、質の悪いサービスは自然淘汰されていきますが、医療は情報の非対称性といって患者さんサイドの情報量が医療サイドより圧倒的に少なく、サービスの良し悪しが患者さんにはわからないのです。

そのため、ダメなものは排除されるという仕組みが通用せず、国が主導して、底上げをするという方法をとったということです。

その結果、客観性が非常に重要視されるようになりました。

しかし、これには問題が2つあります。

ひとつは、抗がん剤など新薬開発にあたっては、客観性を担保するため、動物実験のあとで、新薬を人に投与して安全性と効果があるかどうかのエビデンスを集める大規模な臨床試験が必要であること。そのため、力のある企業が開発した薬や医療機器は、お金の力で大規模な臨床試験をおこなえるので、膨大なエビデンスを集めることができ、保険適用され、さらには標準治療へと格上げされます。一方、小さな製薬会社からすばらしい薬が開発されても、大規模な臨床試験をおこなうお金も時間もないため、なかなか広まってくれません。**エビデンス＝証拠を集めて、客観的に評価を集める、と、いかにも平等に聞こえますが、証拠を集める時点で、経済格差が生じていて、不平等であることがじつに多い**のです。

巨大な外資系の製薬会社の、1年間で家が1軒建つほどの高額な薬が保険適用されて医療保険制度がパンク寸前になるのも問題です。

もうひとつは、欧米に多いとされる出来の悪い医師を底上げするための制度が、拡大解釈されていること。まさに今の日本がそうですけど、エビデンス至上主義の考え方ゆえに、標準治療こそが、エビデンスに基づいた最善の治療と思っている医師も大勢います。また、標準治療外の治療は、標準治療より、エビデンスレベルが低いものがほとんどですから、どうしても、標準治療よりランクの低い治療という認識になってしまいます。標準治療が常識となっている今、標準治療以上の治療をすることは医師にとっては大きなリスクになります。

とはいっても、エビデンスレベルが高い治療というのは、**囲碁や将棋でいうところの定《じょう》石《せき》、つまり最善手というだけのものです。しかし、その最善手で負けることがわかっていたら、定石にこだわるでしょうか?**

とくにがんの治療は患者さんの命がかかっています。医師は患者さんから命を託されているということです。定石で勝てないのなら、それとは違う手を打つしかない。

リスクをとるのは私もですが、命を託してくださっている患者さんも同じなわけです。

善本◇うーん。そういう話を聞くと、先生以外のお医者さんだと、余計に標準治療以外のことをしてくれそうもないように感じます。

標準治療のメリット、デメリット

「それでも治らないときどうするか?」

岡田◆そんなに悲観しなくてもいいように思います。たしかに、現状だけを見ると悲観的にならざるをえない部分はあるかもしれませんが、再発・転移の患者さんでも重粒子線治療で治そうとする全国の先生方や、善本さんの患者会に参加している方々の主治医の先生方と併診してきて思ったことは、「医療は変わろうとしている」ということです。

たしかに標準治療しかしない、また、標準治療以上のことをやりたくてもできない医師がほとんどですが、少なくとも、医学の世界で今、何が起こっているかに目を向けている医師なら、再発・転移でも治る事例は知っているはずです。そういう医師なら、患者さんのほうからきっかけを提供すれば、積極的な治療に踏み出してくれるのではないか？　と考えています。

何しろ、技術的には私が若いころよりも格段に進歩していますので、再発・転移のがんでも有効な治療があるという情報はかなり浸透しています。そのため、再発・転移がんを治療するハードルはかなり下がっていると思います。

あとは、常識というハードルさえ越えられれば、再発・転移でも治るための治療は受けられると思います。

もちろん、第一章でもお話ししたように、このハードルを越えるためには、医師だけでなく患者さんの力が必要だと思います。

そこで、もう少し、標準治療が常識となっている背景について、ご説明させていただきます。

一般的な医師の立場で考えると標準治療は、医者と患者双方にメリットが多い治療です。

まず、標準治療が間違っているわけではありません。むしろ、再発前なら標準治療に従うことで、医師の技量や経験に関係なく一定の成果をあげられます。

標準治療は言ってみれば治療マニュアルですから、日本中どこに行ってもこのマニュアルに従うことで一定水準の治療を受けられるのです。これは患者さんにもメリットがあるので、とてもすばらしいことだと思います。

また、標準治療に従うことで、患者さんへの対応をスピーディーにこなせます。このがんでこのステージならこの治療法と、考えるまでもなく決められるのは、忙しい医者にとってはありがたいものです。

日本の医者は、忙しすぎるのです。勤務時間にはひっきりなしに患者さんがやってくるので休む間もない。そして、勤務医の場合、数日に一度は当直と言って、急患に備えるという名目の宿直をします。でも、実際は、備えている暇などなく、ひっきりなしに患者さんがやってきます。夜間は医師の数が少ない分、さらに忙しいくらいです。そんな労働状況の中で働くのが医者という仕事です。寝ずの当直勤務にひきつづき外来勤務につくことも多々あり、必然的に一人ひとりの患者さんにしっかり向き合って時間をかけることができず、どうしても標準治療に頼った治療になるのも仕方のないことです。

また、病院の待合室で何時間も待たなければいけない患者さんにとっては、少しでも早く自分の診察順が回ってくるという点でメリットになると思います。

さらに、標準治療をおこなうことで、訴訟リスクを回避できるというメリットもあります。訴訟リスクが回避できることは、訴訟対応に時間を割かずに済むという点で医療者・患者さん側双方にメリットがあります。

何しろ標準治療は〝最良〟と言われている治療です。その治療を患者さんにしていれば、「医師としての治療責任は果たした」とはっきり明言することができます。

このように多くのメリットがあるのが標準治療です。逆に標準治療を選ばないメリットはほとんどありません。

メリットのないハードルを自らの力で越えようとする人は多くはありません。でも、一方で、**患者さんを治したいと思っている医師は多くいます。ですから、医師の良心を後押ししてあげる必要があるのです。**

医師ではなく患者さんから働きかけ、医療を変える。

第一章で、このようにまとめましたが、その理由がおわかりいただけたと思います。

善本◇でも、患者から変えなければいけない一方で、先生はどうして、再発・転移したがんでも治そうとするんですか？

岡田◆標準治療は「推奨される治療」であって、どうしても従わなければいけない治療法ではありませんから。

　標準治療で治るのに、それ以外の治療をするというのは、モラルという点でどうかと思いますが、治らない患者さんの求めに応じて治す医療を実施するというのはモラルに反するとは思えません。むしろ、治る見込みがあるのにその治療をしないほうが私の中の正義に反するように思うのです。

善本◇先生は、強いから治せるというわけですか？

岡田◆もちろん、強さも必要です。これまでお話しした標準治療が医療界の常識となっていて、これとは違うことをしているのですから。

　でも、もちろん、強さだけではありません。治らないという常識を覆《くつがえ》す拠り所になる論拠ももちろん必要です。

　そこで、第一章でも、たびたび出てきた「オリゴメタ説」について、詳しく説明します。私の医療の肝となるところですから、少し難しいかもしれませんが聞いてくださいね。

善本◇はい。

オリゴメタ理論による再発・転移がんの治療

「私が治らないがんを治す〝カラクリ〟もうおわかりですね」

岡田◆再発でも転移でも治るという根拠。

当初は私が実施した剖検（解剖して調べること）から気が付いたことですが、じつはちゃんとしたひとつの仮説として世界的に認められています。

私が再発・転移でも治せる論拠としているオリゴメタとは、正しくは「オリゴメタスタシス（oligometastasis）」と言い、この理論は、転移性腫瘍の概念に関して、HellmanとWeichselbaumという人が提唱したもので、「腫瘍が全身に広がっている」場合とは異なり、「限局した部位でかつ数が少ない」病態が存在するというものです。

つまり、転移があると全身に転移しているという「全身転移説」も、少数転移しているだけという「オリゴメタ説」も、どちらも仮説であって、絶対的なものではありません。

これは、Nature Reviews Clinical Oncology（2011年7月号）など信頼度の高い雑誌にも掲載されています。

しかし、標準治療は、ほとんどのがんで全身転移説から答えを導き出しています。ただ、「ほとんど」と書いたとおり、やはり例外があり、大腸がんについては、「オリゴメタ」の概念にのっとり、肝臓に転移しても、根治切除可能であれば、それをすることが標準治療で推奨されています。

このように「オリゴメタ」の理論は、ごく一部ではありますが証明されているわけですから、エビデンスがないからといって、何の根拠もなくすべてのがん、すべての患者さんに全身転移説をあてはめることはできないのではないかというのが私の治療の根拠となっています。また、転移のメカニズムから考えても、この少数転移という病態が存在しうると考えられます。

がん細胞には、その性質にばらつきがあります。必ずしも高い転移能力を持っているものばかりではありません。同じ原発巣から流れてきたがん細胞でも、一部の元気ながん細胞だけが異なる臓器で生き延びたり増殖することができたりするだけで、ほとんどのがん細胞はそこまではいたらないという病態があっても、なんらおかしなことはありません。

しかも、**私の医療は、厚労省が認めている先進医療もしくは保険診療のみで構成されています。**

そのことは、標準治療から外れ、常識から外れていても、治すための治療に邁進できる要因となっています。

そして、第一章を読んでいただいてもわかるとおり、私の治療は、多くの外科医、放射線医などの先生方によって支えられています。各先生方は、大学病院で指導的立場の先生であったり、その分野の世界的権威と言われる先生だったりと、信頼度のきわめて高い名医で、その方たちからご評価いただいていることも自信になっています。

しかし、裏を返せば、このような後ろ盾があるから、私は標準治療外の治療をできるのであって、このような後ろ盾がなければ、いくら治そうと思っても、標準治療の壁を乗り越えることはできませんでした。

善本 ◇ なるほど。**再発・転移がんについて、全身転移説ではなく、少数転移、オリゴメタ説の可能性を考えているから治せる。そして、それらを支持してくれる名医の先生方がいるから、岡田先生は迷うことなく、自分の治療をおこなえる、**というわけですね。

でも、そう聞くと、名医の先生の後ろ盾がないお医者さんは、岡田先生のような治療ができないのではないか？　とも思ってしまいますが……。

岡田 ◆ いえ、それは私の状況だからこそ、後ろ盾が必要なのです。

ファーストペンギンという言葉をご存じでしょうか。

ペンギンというのは、おかしな習性を持っていて、氷上に海へ通じる穴が空いていたとしても、穴の周りに集まるだけで、海に飛び込もうとはしません。海の中に入れば、エサがたくさんとれるかもしれない。しかし、海の中には危険がいっぱいです。自分より大きな生物に食べられてしまうかもしれません。

だから、ペンギンたちは穴の周りで様子を窺います。

そんな中、1羽のペンギンが意を決し、穴の中に飛び込みます。そして、その1羽のペンギンが飛び込むと、次々とほかのペンギンたちも穴の中に飛び込んでいきます。

この最初に穴に飛び込んだペンギンのことを、リスクを恐れず飛び込んだ栄誉を讃えて、ファーストペンギンと呼びます。

少し自分のことを持ち上げすぎな気もしますが、私の治療はこのファーストペンギンのようなものです。

再発・転移した患者さんでも治そうとする医師は少なからずいるとは思いますが、理論を構築して、治す方向へ医療界全体を押し上げようとしている医師は、私の知る限りではいません。

しかし、オリゴメタ理論による再発・転移がんの治療は、氷上にぽっかりと空いた穴のようなもので、これからのがん治療を考えると、まずは、誰かが飛び込んで行くことが、今後の大きな躍進へとつながると考えます。

ですから、私の場合は、精神的な部分での支え、そして、失敗は許されませんから、どうしても後ろ盾として、成功確率がもっとも高い名医の協力というのが必要になるのです。
でも、これから穴に飛び込もうとする医師は、それほど強い後ろ盾は必要ないと思います。もう、その穴は、私が飛び込んで、多くの成功例を導き出した後なので、気軽に飛び込んでいただいても大丈夫ですから。

善本◇そう言っていただけると、現在がん治療を続けている患者さんの希望になります。

岡田◆ここで、「治りません」と言われた患者さんが治ったカラクリのタネ明かしをしましょう。それは、つまり、治せる患者さんすら「治さない」のが今のがん治療だということです。私はただ、治せる患者さんを「治している」だけなのです。

長い間、こういう状況にありましたので、全身転移ではないオリゴメタの患者さんを抽出したり、全身転移であるかもしれない患者さんをオリゴメタの状態にして治療する技術は、現在では属人的な技術となっています。
でも、患者さんのことをもっとも理解し病態を把握している主治医が、医師の良心や裁量権のもと、自由に治療できる医療体制を再度獲得できれば、治せる患者さんは増やすことができると思います。
このような未来を作るためにも、多くの医師が穴の中に飛び込んで、「治らない」と言われる再発・転移がんの患者さんを治していただきたいです。

善本◇先生のタネ明かしを聞いて、私は運がよかったと思いました。

少しまたお話を戻して、先生の治療のデメリットについてお話を伺えますか。

岡田◆そうですね。患者さんから見た場合のデメリットは、前例が少ないことですね。その分先が見えないということです。

しかし、医師として考えたら私の治療はデメリットのほうが大きいです。

たとえば、ほかの患者さんに善本さんと同じ治療をしたけれど、治すことができず、あるいは手術の合併症で結局亡くなってしまったとします。

もし、これで訴えられたらたぶん負けると思います。「最良の治療」とされる標準治療の常識を大きく逸脱した治療をおこなった上で亡くなったことになりますからね。

そうでなくても昨今の医療裁判は、トンデモ裁判というか、医療の不確実性というものを理解しない裁判が多く、医師の主張は通らないことが多いのです。

私の場合は、たぶん患者さんのことを信じきっているからなのでしょうね。患者さんが「何があっても生きたい」という強い意志を持ち、私に命を託してくださるわけですから、やっぱり応えないといと思ってしまうのですね。医師の本分は困っている患者さんを助けることですからね。私なりの信念というものがあるのです。

医師がセカンドオピニオンは時間の無駄だと思う理由

「セカンドを希望するなら次の抗がん剤の予約はキャンセルする」(主治医)

善本◇でも、たとえば、このYさんの主治医なんかがそうですけど、標準治療で言われている再発・転移したら助からないということを絶対の事実として捉えているお医者さんも多くないですか?

岡田◆多いですね。だからこそ、この医師はセカンドオピニオンの申し出に対して、「あなたの治療のためにほかの人の治療が後回しになるんだから、セカンドを希望するなら次の抗がん剤の予約はキャンセルする」と言ったのだと思います。

標準治療を信じている医師は、誰もが標準治療に基づいた治療をしていると思っています。そのような医師からしたら、どこにセカンドオピニオンに出ても、同じことを言われるに決まっている、治るわけないのにって思うでしょうね。医師からしたら時間の無駄と思っても無理もないことです。

しかも、セカンドオピニオン後に「うちの病院では延命治療しかできない」と言っていますからね。病院の方針として標準治療を推奨しているのですから、こういう環境で育てられれば、誰だって再発・転移したら治らないと思い込んでしまっても不思議はないと思います。

そして、この患者さんは、主治医の言葉に負けて、長期間の抗がん剤治療を受けてしまい、セカンドオピニオン先で「もっと早く来ればなんとかなったのに」と言われてしまいました。

善本◇セカンドオピニオン先の先生の言い方もおかしいような気がしますけど……。じっさいに抗がん剤は効いてるじゃないですか。腫瘍の大きさが半分になっているんですよ？　ここまで小さくなったら岡田先生がやったように手術に踏み切れるじゃないですか。

岡田◆このときは、繰り返し実施した抗がん剤の副作用で骨髄抑制が出ていました。骨髄抑制というのは、赤血球、白血球、血小板などを生み出す骨髄の働きが低下した状態のことを言います。酸素を運ぶ赤血球、体に侵入した細菌などと戦う白血球、出血を止める血小板などが足りない状態ですから、体全体の機能、特に回復力がかなり落ちていることが推測されます。

わかりやすい言葉を使うと、抗がん剤を繰り返し使ったことで〝体がぼろぼろ〟になっていたということです。

手術は追い打ちをかけるように体力を低下させますから、感染リスクや出血リスクがある状態では危険です。少なくとも、セカンドオピニオンを受けたときはそういう状態だったのではないかと思います。

ただ、私のところに来たときは、もう少し状態は改善していました。

このときは善本さんのおっしゃるとおり、手術を考慮すべきと考えました。生きるための最後のチャンス。このときを逃したらもう難しい、と。この時点で私がもっとも心配していたのは、何クールも化学療法をすることで、あるとき突然、抗がん剤が効かなくなるのではないかということでした。

幸いにも効き続けてくれたことが根治の大きな要因にはなりました。

でも、Yさんの運命を決定づけたのは、腹腔鏡の名医、外科医で知らない医師はいないのじゃないかというほどの名医に手術をしていただけたことです。

問題となる病変は腸間膜で外科医の領域です。とはいえ、本来なら専門としている手術をお願いすることすら難しい先生に、婦人科がんの残存病変の手術をお願いしたということになります。言ってしまえば婦人科の尻拭いを消化器外科のプロにやってもらったということです。しかも、ほかの病院で実施された手術の尻拭いです。今から思うとよく引き受けてくださったと思います。

しかも、この先生は手術だけでなく、婦人科の先生にお願いをして婦人科とのチームを作ってくださいました。Yさんが、腸間膜にある残存病変を手術して根治への切符を手に入れることができたのは、ひとえに診療科と病院を超えた、心の広い名医中の名医のおかげなのです。

元の主治医も、この名医からのリクエストでしたので快く資料を出してくれました。**セカンドオピニオンにあれだけ抵抗感を示していた医師が〝治る治療〟に喜んで出してくれたのです。**

善本◇なるほど。標準治療の存在と、岡田先生の立場がよく理解できました。たぶん、ここが現在のがん治療のいちばんの弊害となっていると思います。この後の問題は、これに比べたら小さいものかもしれませんが、まだまだ問題点は数多く存在しています。では、次のケースを見てください。

❖ ケース2　Mさん（30代）

2005年12月	市の子宮がん健診で異常が見つかり、地元大学病院にて円錐切除子宮頸がんⅠA2期（中分化型、脈管侵襲あり）、断端陽性で某大学病院へ紹介
2006年3月	某大学病院にて、準広汎性子宮頸部摘出 病理検査結果：ⅠB1期（扁平上皮がん） 術後の補助治療はなし。経過観察（腫瘍マーカー&細胞診、1年ご

	とのCT検査）
2010年3月	腫瘍マーカー高値（SCC3・8、1ヵ月後の再検で6・5） PET・CT検査→骨盤内再発　左閉鎖リンパ節腫大（4×3×6cm大）
5月	放射線化学療法 化学療法：Weekly CDDP 40mL／㎡→55mg×4週 50mg×2週　計320mg 放射線（リニアック）：左総腸骨〜閉鎖域LN 40Gy／20Fr 腫大LNのみ 26Gy／13Fr
9月	PET・CT検査にてCR（完全寛解）となり、経過観察へ
2011年5月	左水腎症となり左尿管ステント留置。腫瘍マーカーの再上昇（SCC2・9） CT、PET・CT検査→前回再発と同じ部位に、照射野内再発（2×3×2・5cm大） **主治医から「抗がん剤治療以外に方法はなく、それも延命目的で根治はない」と余命も告げられる。「抗がん剤治療は日本全国どこで**

やっても同じだから地元に帰ったら？　こっち（東京）で死なれても困るし」と言われる
「このままここで死んでる場合じゃない」と思い、自分で探した複数のセカンドオピニオン先の医師から治療を紹介してもらう

6月	某大学付属病院にて、骨盤内閉鎖循環下抗がん剤灌流化学療法 CDDP210mg＋MMC20mgにて1回目施行
8月	CDDP210mg＋MMC20mgにて2回目施行
11月	CT、PET・CT検査→骨盤内の腫瘍は縮小しているが残存、新規病変の出現は認めない
2012年1月	重粒子医科学センター病院でセカンドオピニオンを受ける
3月	某病院にて、開腹してスペーサー挿入
4月	重粒子医科学センター病院にて、重粒子線治療 重粒子線治療：左外腸骨リンパ節領域　52・8GyE／12Fr
7月〜	再発予防として、VP-16　25mg／day（3週服用1週休薬）
2014年2月〜	岡田医師のアドバイスで、5'-DFUR　600mg／dayに変更 現在も服薬を継続しながら経過観察

心を殺す医者

「地元に帰ったら？　こっち（東京）で死なれても困るし」（主治医）

善本◇このお医者さんはひどいですよ。「こっちで死なれても困るし」ですよ。こんなこと患者に言いますか？

岡田◆患者さんの前で、「死ぬ」とか「困る」とかは使ってはいけない単語ですね。

おそらく、患者さんのご家族のことなどを考えての発言だとは思いますが、それならそれで説明すればいいのに、どうしてこういう言い方をするのでしょうね。

善本◇完全に人間性の問題ですね。患者さんを血が通った人間と思ってないんじゃないですか？　でも、患者会に来た人たちの話を聞いていると結構多いんですよ。ひどいこと言われている人。

たとえば、子宮頸がんは、性交していなければかからないがんなので、お医者さんから「遊んでいるからじゃないの？」

と、言われたことがある人もいます。

岡田◆それはひどいですね……。

善本◇現在のがん治療の問題点とは言いがたいですけど、中にはこういう人もいる、ということをお伝えしたくて、取り上げてみました。

しかし、ここからが大切なことですが、「ひどいことを言われた」と患者さんが感じても、このお医者さんのように人間的に問題があるケースばかりとは言えません。

むしろ、お医者さんは医者として、自分の仕事をしているだけなのに、患者さんが一方的にひどいと感じてしまった。だから、このお医者さんに診てもらいたくない、ということも多いので、その見極めをしっかりしなければいけないと思います。

岡田◆そうですね。たとえば、ケース1のYさんのセカンドオピニオン先の医師も「もっと早く来ればなんとかなったのに。効いてもいない抗がん剤をこれだけ続けたらほかの治療ができないんだ。遅すぎた。気の毒だけど」と言っています。

この言葉も患者さんが聞いたら、期待してきただけにひどく傷つき落ち込んでしまう言葉だと思いますが、これは説明の仕方の問題ですね。

患者さんに病状を伝えることが当たり前になった現在では、たとえ、それがどれだけ患者さんが聞きたくないことであっても伝えざるをえません。説明義務というものがあります。伝えなければならない内容を言わなかったために患者さんが正しい治療選択ができなかった場合、説明責任義務違反になります。

私たちができることは、同じことを言うにしてもできるだけ傷つかない表現をするということくらいです。少し間合いを置きながらゆっくり諭すようにお話しすればよかったのかもしれませんね。どういう形であれ、伝えなければいけないことを伝える、患者さんを傷つけてしまうかもしれないけれど、それも医師の仕事です。

善本◇さらに言えば、お医者さんの中には、伝え方が下手な人もたくさんいて、余計な傷を増やしている人も多い気がしますが。ケース1のお医者さんなんかはまさにそうですよね。

岡田◆大学で伝え方の授業はありませんからね。ですから、医師の口の悪さはある程度、覚悟したほうがいいかもしれませんね。

口は悪いけど名医、という方もたくさんいますから、難しいですね。

「医者と病気」の関係から「医者と患者」の関係へ

「Mさんは、ピンチをチャンスに変えた」

善本◇だから、私たち患者は、事実か人間性かの判断をしなければいけないと思うのです。

私が最初に行った地元の病院のように、人も診ない、病気も診ないというお医者さんだったらすぐに逃げ出したほうがいいと思いますが、病気をしっかり診ているお医者さんに対しては、少なくとも「医者と病気」という関係から「医者と患者」という関係くらいになってから、お医者さんの人間性を判断したほうがいいと思います。

岡田◆ごめんなさい。「医者と病気」「医者と患者」の違いがわからないです。

善本◇お医者さんの中には患者の顔も見ずに淡々と病気の説明だけする人もいるじゃないですか。**患者を診ずに病気だけを診ているようなお医者さん。これを「医者と病気の関係」と私は呼んでいます。**

でも、がんと闘うには、どうしてもお医者さんの協力が必要なので、このような薄い関係ではよくないと思うんです。

人間として診てもらい、少しは気にかけてもらえるくらいの関係性は築かないといけないと思います。こうして「医者と患者の関係」になった後で、お医者さんの人間性を判断しても遅くはないと思います。

岡田◆それよりさっさと病状を把握して治療をしてもらったほうがいいと思いますけど。再発でも早期発見、早期治療が大切だと思うので、関係性を築くという時間がどう響くかが心配になりますね。

善本◇それは、岡田先生が患者を診ること前提の話じゃないですか。先生の場合、すでに再発・転移した患者さんを診ることが多いですよね。
だから、早期治療が大切ですけど、多くの患者さんは最初にがんになった状態から主治医との関係は始まっていて、そこから再発・転移するという状況だから、関係性を構築する時間はありますよ。

岡田◆ごめんなさい。どうしても自分が診るということばかりに目が行ってしまうのよね。

善本◇なんだか、そういうところも先生っぽくていいです。治療に対して猪突猛進って感じが出てますね。

岡田◆褒められているのか、貶《けな》されているのか……(笑)。

善本◇褒めてますよ。
それで、もし、このケースのように人間性に問題がある医者だった場合なんですけど、この答えは、この患者さん自身が示してくれています。
Mさんは、**主治医に「こっちで死なれても迷惑」と言われ、「このまま死んでる場合じゃない!」と一念発起して、新たに自分を診てくれる病院を探します。**
そのときに「前の病院でこんなこと言われまして」と、自分の経験を語ったところ、お医者さんの同情を買い、結果として、それが武器となって新たな治療先を見つけることができたのです。

「それはひどいこと言われたね。じゃあ、私が診てあげるよ」

こういう流れで、新しい主治医を探しだし、再発・転移でも積極的な治療をしてもらっています。

岡田◆ ピンチはチャンス……なのかな？　もし、主治医の言い方が少しでも違ったら、結果も変わっていたかもしれませんね。「地元に戻ってご家族との時間を大事にしてください」だったら、いい治療を引き寄せることもなかったかもしれませんね。

善本◇ そうかもしれません。ここが怖いところですね。

優しい言葉をかけてくれる。患者さんに寄り添った発言をしてくれる。

でも、そのお医者さんは、再発・転移すると助からないと信じていて、残りの人生をいかにしあわせに過ごすかを提案してくれる。

こういう人にあたってしまうと、やっぱり心を揺さぶられてしまい、治る可能性のある段階を過ぎてしまうと思います。

患者さんが満足するなら、それでいいとも言えますけど。

岡田◆ これは難しい問題ですね。まだ、治る可能性はあるのに、早々に延命治療、緩和ケアに移行してしまうケースも少なくありません。

今のがん治療は、あきらめが早すぎるように思います。だって転移が1ヵ所でも10ヵ所でも

Ⅳ期の診断ということで「もう手の施しようがありません。延命治療です」となってしまいますからね。１ヵ所だったら、先ほどの「オリゴメタ（少数転移）」の病態である可能性も高く、あきらめてしまうのはもったいないです。

１個の転移でも、全身転移の氷山の一角とする全身転移説を適応されてしまうと、治るものも治らなくなってしまいます。

本当に手の施しようがないのか、施してくれようとしていないのか、もう一度見極め直すことも大事です。

善本◇患者さんの気持ちも大切ですね。

「生きたい。まだ治したい。あきらめたくない」

そう思うのなら、お医者さんから発せられる絶望的な言葉もチャンスに変える。

私自身がそうでしたが、これくらいのしたたかさがなければ、治らないと言われるがんとの闘いなんてできないと思います。

「がんとの闘いにはしたたかさも大切」

ピンチをチャンスに変えたケースを紹介させていただきました。

では、次のケースを見ていきましょう。

❖ ケース3　Tさん（40代）

2012年5月	大量不正出血で緊急搬送。子宮頸がんと診断
6月	腫瘍が大きいため、術前に動注化学療法
7月	広汎子宮全摘術＋リンパ節廓清（リンパ節転移なし）
8月〜	術後補助化学療法（CAP）6クール
2013年1月〜	経過観察
	2〜3ヵ月ごとにCT検査→再発・転移所見なし
2014年1月	CT検査→右骨盤壁に沿った閉鎖領域に2㎝大の局所再発
	主治医より、根治を目指しての放射線治療を提案される
2月〜	放射線治療（リニアック　骨盤内照射）
5月	CT検査→腫瘍は消えていないが薄くなっていたため、経過観察に入る
	3ヵ月ごとのCT検査→再発・転移所見なし
12月	CT検査→両肺に多発転移（左上葉1ヵ所、右の肺尖部2ヵ所）

主治医より「根治は望めない。手術も放射線もできない。3種類の抗がん剤を投与する延命治療。薬の効き目がなくなったら余命1年」と言われる

	岡田医師の根治を目指した治療を開始
2015年1月	某医療センターにて、全身化学療法（CAP）開始　2クール
2月	CT検査↓肺の腫瘍はサイズ・数とも変わらず MRI検査↓新しく右骨盤内に再々発（1ヵ所）
3月～	某クリニックにて、骨盤内に動注塞栓術3回 肺の病変に対し、経口抗がん剤TS‐1を服用
5月	CT検査↓骨盤内は変化なし、肺の腫瘍は増大↓経口抗がん剤を中止
6月～	某医療センターにて、全身化学療法（CPT‐11＋NDP）開始
7月	CT検査↓骨盤内は変化なし、肺の腫瘍は縮小 全身化学療法中、膀胱炎にて発熱2回、治療中止1回（3クールDay8）
10月	全身化学療法を5クールでいったん中止

2016年1月	某クリニックにて、両肺と骨盤内に動注塞栓術
	全身化学療法（CPT-11+NDP）6クール目
	1回目の後、腸閉塞にて5日間入院
	（原因は便秘によるものと診断、治療2回目と3回目を中止）
	某がん専門病院に、骨盤内の手術ができないか聞きに行くが、肺病変があるため適応外とされる
2月	全身化学療法（CPT-11+NDP）7クール目
	某病院の呼吸器外科へセカンドオピニオン
	CT検査→右肺の下葉に新しい病変を指摘される
	某病院の放射線科へセカンドオピニオン
	血尿があり、某病院の泌尿器科にて膀胱鏡検査
	検査結果→炎症がひどいが腫瘍によるものかは不明。定期的な尿の細胞診で様子見
	膣からの出血が続いているため細胞診→新たな所見なし
3月	某病院にて、肺病変3ヵ所に対し胸腔鏡手術
4月	残存肺転移にIMRT

6月　骨盤内の手術について某がん専門病院に再度相談したが不可
7月　重粒子線治療

全身転移か、少数転移か

「根治は望めない。薬の効き目がなくなったら余命1年」（主治医）

善本◇　このTさんのケースは、まだ治療の真っ最中ですね。

岡田◆　善本さんほどではないけれど、胸腔鏡手術、抗がん剤、放射線治療と、がんばっていらっしゃいます。

善本◇　がんの専門病院で骨盤内の手術を断られているんですよね。

岡田◆　はい。私がはじめてTさんの相談をお受けしたのが2014年12月ごろで、手術については2016年1月に私のほうからお願いしました。

難しい言葉が並んでいるのでわかりづらいと思いますが、**要するに、肺に転移が3ヵ所もあるんだから、うちの病院では手術できませんよ、と断られたのです。執刀医の先生は上の人に掛けあってくださったんですけどね。**それでも、病院の方針としてできないと上の先生に言われたようです。

だから、先に肺の手術をすることにしました。これがうまくいったら、骨盤内の手術をしていただくつもりでしたが、その間に病変が進行して6月も断られてしまいました。

善本◇私も、一度、放射線治療（ＩＭＲＴという放射線治療法）を断られてますけど、先生から直接お願いしてもダメなときがあるんですね。

岡田◆そうなんです。医師が標準治療を超えて熱心に取り組もうとしてくださっても、病院の方針として標準治療しかしないと決められていることもあります。

むしろ、現場の医師が標準治療と患者さんの板ばさみになってしまうことのほうが、今は多いかもしれません。

善本◇でも、そもそもＴさんは、２０１４年の2月から主治医の先生に、再発後も根治を目指した放射線治療をしてもらっていますよね。それが、どうして、突然、余命を言われるほどに治療方針が変わったのでしょうか？

岡田◆手術後に初発に近い場所での再発は、全身にがんが回っているというより、近場にちょっと現れたという状態、いわゆる局所再発ですからね。

まだ、全身に転移しているわけではない。ここさえ抑えてしまえばなんとかなる、という見立てで「根治に向けての治療」と伝えたのだと思います。

でも、結局、放射線治療では根治に至らず、肺転移が見つかったとたんに、全身転移とみなされ、根治は無理となってしまいました。

これも標準治療の診断としては何も間違っていません。

善本◇肺に転移が見つかったとたんに余命の話ですからね。患者さんからしたら急に見捨てられた、と思うかもしれません。

岡田◆肺に、しかも両側に複数個ですから、血行性の全身転移と解釈されても無理はないと思います。

「もう治らない」、この意見が、普通でしょうね。

善本◇そこで、Tさんのケースで**お聞きしたかったのは「根治は望めない。薬の効き目がなくなったら余命1年」という告知です。**

昔は、余命宣告どころか本人に告知もしないことも多かったのに、どうして今は告知が当たり前になっているのでしょう？

岡田◆日本の医療というのは、とにかく欧米追従です。ですから、欧米で告知することが一般的になれば日本もそのような流れになります。

昔は、本人に話す前に家族と相談することも多かったのです。

「もう助かりません。告知どうしましょうか」

「でも、主人は、気が弱くて、精神的に耐えられるか心配です」

「じゃ、ご本人には、胃潰瘍っていうことにしましょうね」

このように、患者さんのご家族に事前にご本人の性格を伺って、それに合わせて告知をしていました。事実を伝えることにより極度の鬱状態になると思われる患者さんや、そのお話をしたところで年齢や理解力などを考えると、治療が変わるわけではない場合にはあえて病名は伝えないようにしていました。

もちろんご家族のご希望によるところが大きかったと思います。


善本◇今は、当たり前のようにいきなり余命宣告しますからね。入院時に病院から渡された書類に告知の有無を書かされることも多いので、伝えなければいけないのでしょうが、今は、淡々と事実だけを伝えているように感じます。その結果、患者さんが傷ついてもお構いなし。

この余命宣告で、完全に心が折れてしまう患者さんも多く、再発・転移患者さんはみなさん心が弱った状態になっています。

心が弱ることで、がんと闘う気力が失われている人も多いと私は思うのですが、どうでしょうか？

岡田◆まさにそのとおりです。医師が患者さんに病状をしっかり伝えることをインフォームドコンセントと言いますが、私はこの言葉の響きがあまり好きではありません。

お話ししましたよね（インフォームド）、その上で同意しましたよね（コンセント）、みたいなイメージに思えてしまって、ちょっと冷たく感じられます。
とはいえ、私の元には、ほとんどの患者さんが予後も含めて告知された状態で来院します。患者さんにとっては大変かもしれませんが、私の治すためのがん治療は標準治療を超えるものなので、十分な説明とともに患者さんの十分な病状認識が必要です。
こういう患者さんは、私だけでなく、患者さんにも「治らないを覆す」という強い気持ちがないと厳しいですから。

抗がん剤は効かなくなる？

「オリゴメタに抑え込んだら局所治療へ」

善本◇患者さんのメンタルに関する話は、次の章でお話ししましょう。私も、このことについては、たくさん言いたいことがあるので。
次に「薬の効き目がなくなったら」という部分についてお伺いしたいのですが、どうして、抗がん剤治療しかできないのでしょう？

岡田◆何度もお話ししていますが、標準治療は、全身転移説に基づいています。転移は腫瘍が大きくなると原発巣から離れて血管やリンパ管にがん細胞が入り込み、全身を回りながら、やがて、体の別のところに現れるというものです。

全身転移説で解説すると、肺に転移が複数個しかも両側にあるということは、たとえ3個であっても、ほかの転移が画像診断の限界で見えないだけで、無数に転移しているとみなすというものです。

無数に転移しているのだから局所治療をしても、また別のところに病巣が出てしまうので、延命にはつながらないという考え方をしています。

また、抗がん剤（全身化学療法）も完全に腫瘍を消すことができるわけではなく一時的に縮小させるだけだという考え方に基づいています。

抗がん剤はしばらくすると効かなくなる（がんが抗がん剤に耐性をつくる）ことが大半で、そのたびに薬剤を変えていきますが、使える抗がん剤は限られているので、最後の抗がん剤が効かなくなったらそれで治療は終了ということになるのです。

善本◇でも、それで患者さんは納得できるのか？　と言われるとそんなことはありませんよね。患者さんは、治してほしいんですから。しかし、お医者さんは何もしてあげられることはない。こうして、患者さんは治療から投げ出されてしまい、あきらめてしまうか、民間療法に救いを求めることになってしまう。

これも標準治療の大きな問題ですね。

岡田◆そうですね。でも、Tさんの主治医はいい先生でしたよ。病院の縛りがある中で私に治療をさせてくださったのですから。転移は両側の肺に複数個ですから、たしかに両肺にばらまかれている可能性はありました。ですから、全身抗がん剤治療は必須です。そして、抗がん剤をやってもたいして小さくならなかったかわりに、たいして大きくもならなかったのです。

わずかな縮小、増大はありましたが、大きな変化はなく、1年以上おとなしくしていました。新たな肺病変も1年間出てきませんでした。そこで、勝負にでました。つまり、局所治療を開始したということです。今は唯一残存した骨盤内病変に重粒子線治療を実施しました。

全身転移の可能性もありますが、抗がん剤の治療によって、微小転移がなくなった、つまりオリゴメタの可能性も出てきた。だからこそ局所に踏みきれたというわけです。

この、全身転移とオリゴメタの見極めが大切です。

善本◇それについては、次のケースでも取り上げますので、見てください。

がんが大きくなっていくのを待っているだけの経過観察

「もうしばらく様子を見ましょう」（主治医）

❖ ケース4　Hさん（50代）

2012年2月	不正出血
3月	某産婦人科を受診、以後3ヵ月ごとに細胞診
2013年11月	細胞診クラスⅢB、異型増殖症ないし、子宮体がん（類内膜腺がん）の疑いで某公立病院へ紹介状
12月	病理検査結果：類内膜腺がんGrade 2、一部に扁平上皮への分化を認める
	腹式単純子宮全摘術＋骨盤リンパ節廓清術

2014年1月〜	臨床所見：子宮体がんⅣB期、骨盤リンパ節転移、肺転移あり 全身化学療法（TC）開始　6クール
6月	CT検査→右内腸骨動脈領域リンパ節転移が増大、肺転移は縮小 （化学療法後の検査） 全身化学療法（ドキシル）開始　6クール
9月	CT検査→両肺上葉尖部中心に、すりガラス影、縦隔リンパ節の軽度増大、右内腸骨リンパ節の軽度増大、肺転移なし 胸部一般撮影→間質性肺炎→ドキシル中止となる
10月	放射線治療（リニアック　骨盤内照射） **経過観察**（**放射線治療後**）からのCT検査→右内腸骨リンパ節のみ残存
11月	CT検査→右内腸骨リンパ節　変化なし
2015年5月	CT検査→右内腸骨リンパ節　増大 **治療を希望するが、主治医より「もうしばらく様子を見ましょう」と言われる**
8月	CT検査→右内腸骨リンパ節増大、外腸骨リンパ節に腫大

	再度治療を希望するが、経過観察と言われる（転移→緩和→死と遠回しに言われる）
9月	セカンドオピニオンを希望
10月	**某有名医師のセカンドオピニオン時、「治療は、がんが明らかに大きくなるか、転移した時点で考えればいい。はっきり再発・転移とは言えない大きさのため、今は治療の段階ではない。また、重粒子線治療は子宮体がんは対象外のはず」と言われ、断られる**
	岡田医師にセカンドオピニオン
	PET・CTなどで再発の確定診断
	重粒子線治療（2ヵ所12回照射）
12月〜	経過観察

善本◇Hさんのケースで問題になるのは、医師から、なんども「経過観察しよう」つまり、がんの様子を見ようと言われていることですね。

岡田◆経過観察にはいくつか種類があります。Hさんは何度も経過観察と言われていますが、それぞれ意味合いが違います。

最初の経過観察は、放射線治療後の経過観察ですね。根治的治療である手術の後に再発がないかを観察するというものです。

しかし、**2つ目と3つ目の経過観察、これは、どちらもCTでがんが大きくなっていることに不安を持ったHさんが主治医に問いただしたときに出てきた言葉ですが、これは、がんが大きくなるのをただ待っているだけの経過観察ですね**。

善本◇どうして、ただ待っているのでしょう?

岡田◆標準治療的には正しいのです。繰り返しになりますが、「全身転移説」、つまり1ヵ所転移があれば、それは氷山の一角であって全身に転移しているというのが標準治療の前提となっています。ですから、再発・転移はもう治らない。だから、全身抗がん剤治療という名の延命治療を施すわけです。

また、先ほどのケースでもお話ししましたが、抗がん剤はいずれがんが耐性を持ち、効かなくなります。

抗がん剤を早く始めても、その分、抗がん剤が早く効かなくなるため、致命的な病態になるタイミングは早く始めても症状が出てから始めても理論的には同じになります。

それならば、**症状がなくて元気なうちは副作用のある抗がん剤を使うより有意義な時間を過ごしてもらい、症状が出てからその症状をコントロールする目的で抗がん剤を使ったほうがい**

いでしょうという考え方です。

抗がん剤のみを実施した再発卵巣がんの患者さんについて、早く始めても遅く始めても予後は変わらなかったという論文があります。腫瘍内科など化学療法しかしない医師の場合はこの論文を根拠に症状が出るまで経過観察を勧めるのです。

このような理由から、経過観察中によく使われる腫瘍マーカーの数値が上がっても、「経過観察を続けましょう」と言われることも多いのです。

病状を反映する腫瘍マーカーの数値には基準値というものがあり、これを超えたら、再発・転移した可能性が高いというのが、標準治療の指針です。

しかし、腫瘍マーカーは、再発しても正常範囲内にとどまることも多いため、**オリゴメタ説に基づいた治療をおこなうならば、仮に正常範囲内であっても、マーカー値が上昇傾向となったら再発を疑ったほうがいいと思います。**

オリゴメタ説におけるがん治療の場合、再発でも転移でも早期発見・早期治療が根治にいたる大事なポイントですから。

セカンドオピニオンで失敗しないための心得

「有名な医者だから正しいと思うのは大間違い」

善本◇Hさんは、主治医の意見に従って、経過観察を受け入れましたが、がんが残っているのになにもしないことに疑念を抱きセカンドオピニオンに出たのですが、そこでも、「はっきり再発・転移とは言えない大きさで治療の段階ではない」と言われてしまいます。というか、このセカンドオピニオン先のお医者さんは、化学療法の専門家らしいのですが、この人の言っていることって全部おかしいですよね？

リンパにすでに転移しているのに転移とは言えないとか、大きくなるまで待て、とか、重粒子線治療は子宮体がんでも受けられるのに、対象外とか言ってるし。

岡田◆セカンドオピニオンはさまざまな視点を持つ医師に聞いたほうがいいですね。**化学療法を勧められていることに疑問をもったのに、化学療法の専門家にセカンドオピニオンを聞きに行っても期待するようなものにはなりにくい**ように思います。

治らないと言われている患者さんが、治るためのセカンドオピニオンを求めるのならば、異なる視点の意見を聞くことが重要です。

局所治療に詳しくない医師、つまり、Hさんが意見を聞きに行ったセカンドオピニオンの医師のように、重粒子線治療の適応であるにもかかわらず適応がないという間違った情報を与えられてしまうことさえあるということが今回わかりました。

重粒子線治療は子宮体がんでも、そのリンパ節転移でも、適応内ですからね。

不正確な情報で、根治の機会を損失しかねないところでした。

善本◇でも、このセカンドオピニオンのお医者さんは、かなり有名なお医者さんなんですよね。

岡田◆ネットやメディアで有名な医師が名医とはかぎりません。

善本◇あと、Hさんはあまり主治医のお医者さんから話を聞けていないようです。

「がんが残っているのはたしかなんだから、どうして経過観察するのだろう？」という思いは持っているものの、忙しそうにしている主治医には、迷惑になるかと思って聞けない。

岡田◆セカンドオピニオンならともかく、日常診療では一人ひとりに時間をとれないのも事実ですからね。質問を箇条書きにして準備しておくなど、もう少し質問を工夫するといいように思います。

善本◇そうなんです。がんになると、どうしても自分の命が気になってしまうので、冷静に質問できないことも多いんです。

それに、お医者さんとは、病気にならない限り接することがないわけですから、どう話せばいいのかもわからない、という人も多いみたいです。

「聞きたいのに聞けない」、こういう相談を患者さんからもらうことも多いです。そういう場合、「先生、どうしてもお話を聞きたいので、診察が終わった後でいいので、待っててもいいですか」って言ってみたらどうですか？　というような提案をすることもあります。

岡田◆医師も患者さんの話を聞いてあげたいのは山々ですが、たくさんの患者さんを待たせていると、どうしても簡潔に話さないといけなくなりますからね。

そういう意味ではその方法はいいかもしれません。でも、やはり、ほどほどにですね。

善本◇お医者さんに対する接し方・聞き方、これも次の章でお話しできればと思います。

それより、Hさんのように「腫瘍が大きくなっているのに経過観察？」と、医師に言われたことに不安を覚えて、セカンドオピニオンに出たのに、そこで、また同じことを言われてしまうという問題。

結局、これも標準治療に端を発していることですね。

岡田◆そうですね。標準治療の見地から意見された場合、結局、どこで話を聞いても結論は変わりませんから。

再発・転移したら、セカンドオピニオン先はどこがいいか

「大病院、がん専門病院なら、と行ってみたけれど」

善本◇また、地方で治療を受けている人や、都心部でも小さな病院で治療を受けている人がセカンドオピニオンを受けるときは、がんの専門病院や大学病院など、大きな病院にセカンドオピニオンに行きます。でも……。

岡田◆再発・転移後にがんの専門病院や大学病院にセカンドオピニオンを聞きに行っても期待に沿うような回答を得ることはなかなか難しいです。

こういう病院こそ標準治療を強く推奨しています。そして、再発・転移後は多くの場合、標準治療として全身抗がん剤治療や放射線治療になりますので、全国どこの病院でもあまり変わりません。標準治療はどこでも同じ医療を受けられるようにするのが目的ですから。

ただ、標準治療で治る見込みが高い場合、大学病院や、がんの専門病院、そして、公的総合病院など大きな病院にセカンドオピニオンに出るのは、いい選択だと思います。

症例数が多く、慣れていて腕がいい先生がいらっしゃるだけでなく、看護師さんの教育もき

ちんとしている場合が多いかと思います。地方では民間の総合病院も都市部の公的病院の機能を担っていますので、そういう病院でもいいと思います。

善本◇私の患者会に来る人は、再発・転移の人が多いので、つらい話ばかりです。

再発・転移が見つかり「治療法がない」と言われる。

でも、**「大病院やがん専門病院なら」と希望を託してセカンドオピニオンに出て、結局「手の施しようがない」と言われてしまう。**期待していた分だけ、余計に落ち込んで帰ってくる。

こういうケースを何度も見ています。結局、現状のがん治療では、患者さん自身が希望を見出してから動かないといけないのかもしれませんね。

岡田◆そうですね。仮に主治医の先生が理解をしてくださっていても病院の方針がだめということであればそれに従わざるをえないでしょう。忸怩《じくじ》たる思いの先生もいらっしゃいます。

しかし、今の医療体制が急激に変わるということは非常に難しいです。

たとえ、再発・転移でも治せることを知っている医師が、大きな病院でしかるべき地位に就き、標準治療を変えられる立場になったとしても、そこから、新たな施設で、新たな治療体制を作り、ほかの医師たちにも協力してもらいながら完治の事例を集め、なおかつ、科学的根拠を提示するための研究もおこない、論文を書かなくてはいけない。

この作業だけでも数年、いや、数十年かかるかもしれないので、医療の現場から変えていくには、まだまだ時間がかかると思います。

善本◇再発・転移した患者さんは、お医者さんに任せきりでは、治る見込みは薄いということですね。でも、しっかりとがんの知識を集めてから、セカンドオピニオンに出ることは、けっして無駄ではないと思います。

岡田◆そのとおりです。

とくにセカンドオピニオンは、意見を聞くためのものですから、患者さん側がしっかりといろいろな情報を集めて、自分なりの見識を持っていれば、よりよい意見交換ができ、有益な情報を得られる可能性は高まると思います。

善本◇お医者さんから意見が出るのを待つのではなく、自分から意見を引き出すくらいの姿勢が必要ということですね。

でも、考えてみたら、岡田先生の治療も標準治療にプラスアルファという治療ですよね。多くのお医者さんができる治療をおこなっているのなら、変化もそれほど難しくないように思いますけど。

岡田◆そうですね。私が再発・転移がんの患者さんに実施している治療も多くは標準治療内での治療です。第一章でも話したように抗がん剤を分割投与するなど、少し変更はしますが、標準治療と大差ない治療をベースにおこないます。

これに加えて、標準治療ではまずおこなうことのない、再発・転移がんでの局所治療を加えているだけです。

私の治療は、患者さんのがんがオリゴメタである可能性を考えながら治療しています。ですから、理論の部分では大きく異なっていますが、治療自体は、乱暴に言ってしまえば、標準治療では「やらない」ことを「やっている」だけです。

もちろん、手術や放射線治療をするタイミング、外科医と素早く連携が取れるチームワークなども関わってきますが、やはり、**「やらない」を「やってみる」、そして「治す」。これを経験した医師は、今の医療では見られない景色が見られるようになると思います。**

善本◇その小さな違いが患者にとって大きな違いになるのですから、ぜひ、そうなってほしいと患者の立場からすると思ってしまいますが、小さな違いを変えることって、そんなに難しいことですか？

岡田◆一度でも再発・転移の患者さんを救ってみれば、医師の気持ちも驚くほどがらりと変わると思います。そのためには、結局、標準治療という聖典のようなマニュアルを乗り越える必要があります。これを乗り越えるのが、難しいのですが、まずは1人。

1人でもいいから治らないとされている患者さんを治していただきたいです。

善本◇結局、標準治療の壁という結論になるということですね。

では、次のケースです。

ここからは、私の患者会の方々の症例から離れて、岡田先生の医師としての立場から、まだ触れていないがん治療の問題点をお聞きしたいと思います。

岡田◆かしこまりました。

善本◇あ、ちなみに、これまでに紹介した治療録ですが、**セカンドオピニオンに行く際には、このような自分の治療歴を簡潔にまとめたものがあったほうが、セカンドオピニオン先のお医者さんにもわかりやすい**ため、私の患者会では、治療録を作ることを推奨しています。

みなさんもセカンドオピニオンに行く際には、主治医からもらったカルテだけでなく、このような治療録も作っておくことをおすすめします。

では、先生、よろしくお願いします。

全身転移説とオリゴメタ説では抗がん剤の使い方がこんなに違う

「抗がん剤を変えましょう」（主治医）

❖ ケース5　Sさん（60代）

Sさんが岡田医師のところに相談にやってきたのは、2010年。2002年に乳がんで左乳房切除術を受け、2006年に多発肺転移で再発し、ハーセプチンとゼローダという抗がん剤治療を受けていた。

岡田◆ここでは、女性の12人に1人がなると言われている乳がんの患者さんについてお話しします。

これまで「再発したらもう治らない」というのが現代のがん治療の常識というお話をしてきましたが、ここでは、「もう治らない」の後におこなわれる治療、つまり全身抗がん剤治療についてお話しさせていただきたいと思います。

また、これまでオリゴメタ説を用いることで、再発・転移でも完治の可能性があるということをお伝えしてきましたが、**オリゴメタ説には、完治にいたらなくても、がんと上手に付き合えるようになる、という利点もあります。**そのことについてもお話しさせていただきます。

善本◇やっぱり、再発・転移でも治る可能性があると言っても、難しいケースも多いと思います。ただ、全身抗がん剤治療という名の延命治療でも、副作用をコントロールしながら患者さんのQOL（クオリティーオブライフ。生活の質を保つこと）を考えながらおこなう流れになってきていると思いますが、それとは、異なるのですか？

岡田◆基本的には変わりません。ただ、全身転移説に基づく標準治療では、抗がん剤の見極めが早くなってしまうことも多いのです。

そのような問題点を含めてお話しさせていただきます。

善本◇はい。よろしくお願いします。

岡田◆Sさんが、私のところに相談にやってきたのは2010年。

相談内容は、「再発した後に抗がん剤を使ってずっとうまくいっていたのに、新しい病変が1個だけ出てしまったため、『1個といえども新しい病変が出てきたということは、これまでの抗がん剤は効かなくなったということです。だから抗がん剤を変えましょう』と言われてしまった。これまでの抗がん剤と違って、これから使うタキソールという抗がん剤は、髪の毛が抜けるし副作用も強いのでやりたくない。でも、主治医の先生からは、この抗がん剤じゃないとダメだと言われている。使いたくないけど、ほかの方法もわからない。いったい、どうしたらいいのでしょう」というものでした。

まず、Sさんのこれまでのがんの経緯を説明しますと、乳がんにかかり、手術をした後、無数の肺転移が見つかりました。

進行すると呼吸が苦しくなりますから、治療が必要です。

しかも、数えきれないほどの肺転移ですから、手術で取り除くこともできず、全身抗がん剤治療を施すしかありません。

標準治療での多発肺転移は「もう治りません。抗がん剤しかありません」と言われる状態ですが、私がこの段階でこの患者さんを受け持ったとしても、まずは全身抗がん剤治療を施すでしょう。

乳がんの場合、ホルモン療法（内分泌療法）が効くタイプ、ハーセプチンという分子標的薬が効くタイプ、両方効くタイプ、どちらも効かないタイプの4タイプに分かれます。

この患者さんの乳がんは、ハーセプチンという薬が効くタイプでした。ハーセプチンは分子標的薬の中でも副作用が非常に少なく、効果の高い薬なのでハーセプチンが使われました。

善本◇すみません。ハーセプチンという抗がん剤を使うことはわかりましたが、ホルモン療法、分子標的薬など、わからない単語も多いので、説明していただけますか？

岡田◆すみません。抗がん剤は私の専門分野なので、つい知っていること前提で話してしまいました。

簡単に説明しますと、乳がんは女性ホルモンによって活性化することがあるので、女性ホルモンの分泌や作用を抑えることでがんの進行を遅らせることができます。これがホルモン療法です。

分子標的薬というのは、抗がん剤の一種で、一部のがんにしか効果はないけど、その分、副作用が少なく、薬効も大きい、と考えてください。

抗がん剤については、また後ほど詳しくお話しさせていただきますね。

善本◇わかりました。それでは続きをお願いします。

岡田◆ハーセプチンという分子標的薬が効くタイプでしたが、効果が不十分だったときのことも考え、もうひとつ、ゼローダという抗がん剤も一緒に使っていました。

ハーセプチンとゼローダ。この2つの抗がん剤が劇的に奏効し、たくさんあった肺転移も消失しました。

ゼローダとは経口タイプ、つまり飲む抗がん剤です。この抗がん剤は、腫瘍部に薬が到達してから、薬効を発揮するというタイプの抗がん剤で、通常細胞へのダメージを軽減できるという優れた機能を持っているのですが、手足に、この薬の代謝産物が溜まり、強い炎症を引き起こすという副作用もあります。

この患者さんもやはりこの副作用が強く出てしまい、ゼローダの投与は中止されました。それから3ヵ月後に再び肺に再発が起こり、再びゼローダの投与が開始されました。すると再び肺転移は消失。このまま抗がん剤が効いてくれればよかったのですが、右肺上葉に1個転移が出てしまいました。

転移が出たということは、これまで使っていた抗がん剤はもう効かなくなった、と判断し、違う抗がん剤を使いましょう、と主治医に言われて、私のところに相談に来たのです。

善本◇しかし、抗がん剤はいずれがんが耐性を持ち効かなくなっていくものですよね？　でしたら、この主治医の考え方も間違ってはいないと思われますが。

岡田◆そのとおりです。標準治療では何ひとつ間違っていません。しかし、オリゴメタという観点から見ると、間違ってはいないけど、まだ、断定すべきではないという考え方ができるのです。

善本◇どういう意味ですか？

岡田◆簡単な話です。標準治療は、全身転移説がもとになっているというのは、これまでお話ししたとおりですが、**患者さんの状況を全身転移説に照らし合わせると、ゼローダとハーセプチンを使って、1ヵ所転移が出たということは、全身にゼローダとハーセプチンに耐性を持ったがんが回っているという考え方になります。**

一方、オリゴメタ、少数転移という考え方を用いれば、全身ではなく、この転移したがんだけがゼローダとハーセプチンに耐性を持ったがんだと考えることができます。

じっさいにCTで調べてみると肺はきれいで、ただ、15ミリの単発病変だけが出ている状態でした。これは、がんが15ミリまで育つほど時間が経過しているにもかかわらず、ほかの病変はまったく現れていないということです。要するに、この単発病変以外はゼローダが抑えていると考えられます。

まさにこれはオリゴメタと捉えていい病態です。

つまり、この単発病変だけがゼローダ存在下でも増殖できる特異的な腫瘍だということになります。

善本◇なるほど。転移の捉え方そのものが違うということですね。では、その捉え方の違いによって、治療法はどのように変わるのでしょうか？

岡田◆まず、標準治療の場合、抗がん剤を変えます。1つでも転移が出たならば、ゼローダとハーセプチンはもう効かないと判断しますからね。そこで、今度はタキソールという抗がん剤を主治医は提案しました。この抗がん剤は、多くのがんで使われていますが、副作用も強く、ゼローダでも強い副作用に悩まされたSさんにとって、この抗がん剤を使うことをためらう気持ちもわかります。

そして、タキソールに耐性を持ったがんが現れたら、また違う抗がん剤を使います。抗がん剤が効かなくなるたびに次々と抗がん剤を変えていき、それも効かなくなったら、打つ手なしとなり、痛みを抑える緩和治療へと移行します。

一方、オリゴメタの観点から見ると、この特異的に現れた1ヵ所の病変だけを取り除くことができれば、再び、ゼローダで抑えられるがんだけになると考えられます。

そこで、実際に、この病変に対して動注塞栓をおこない、その後手術で取り除きました。これで、この病変が、自分の分身を各所に撒き散らしてさえいなければ、患者さんの体の中にいるがんは、再びゼローダでコントロールできるがんだけになったというわけです。

さらにもうひとつ、この患者さんはゼローダの副作用が出やすいことを考慮しました。ゼローダという抗がん剤は、5－FUという物質が薬効をもたらしているので、同様に5－FUを使った抗がん剤、TS－1に変更しました。また、投与も1日おきにして、副作用を軽減するような使い方にしました。

TS－1に変更してから、**5年以上経ちますが、今でもとてもお元気で、旦那さんと一緒に**

海外旅行を楽しんでいらっしゃいます。

善本◇なるほど。同じ抗がん剤を使った治療でも、考え方によって大きく変わるということですか。

岡田◆そうですね。完治にいたらなくても、このようにオリゴメタ説を採ることで、がんを長年にわたりコントロールし続けることが可能となりました。

5－FU製剤は、長きにわたって効果を発揮してくれることがあるので、しっかりと抗がん剤の性質とがんの性質を見極めて治療にあたれば、この患者さんのように長期にわたって、コントロールし続けることも可能です。

しかし、標準治療の考え方では、1つの転移で抗がん剤に見切りをつけてしまう（がんが耐性をそなえたので効かなくなったと判断する）ため、コントロールし続けるチャンスを逃してしまうことになります。

先ほど、QOLを保ちながら抗がん剤を用いるとお話ししましたが、このような抗がん剤の使い方だと、「この抗がん剤で副作用が出たから、同じ成分を用いたほかの抗がん剤を試してみよう」「少し休薬してみよう」など、患者さんの様態に対処するような処置になります。

もちろん、対症療法的なアプローチも大切ですが、これと同時に、がんそのものの性質を見極めながら、抗がん剤を使用する。たとえばSさんのように、一部の悪質ながんは局所治療で対処し、患者さんにとって副作用の少ない有益な抗がん剤の効果を長持ちさせることで、QOLをさらに高めることが可能になります。

これまでは、オリゴメタ説をもとに完治する可能性についてお話をしてきましたが、オリゴメタ説を用いることのメリットには、もうひとつ、全身転移が確定している状況でも、新たな転移に対しては、そのがんの性質を見極め、可能ならば局所治療をおこない、QOLを保ちながら命を延ばすこと。

これもオリゴメタでがんを考えるときの大きなメリットです。QOLを保ちつつ長期生存が可能になります。

善本◇でも、話を聞いていると、やっぱり岡田先生ならできるけど、ほかのお医者さんには難しいような気もするのですが……。

岡田◆そうでしょうか？　肺に現れた特異な病変への対処法は、局所治療つまり外科手術(胸腔鏡手術)による切除ですから、初発がんの対応と似たようなものです。難しいものではありません。

結局、考え方だけです。再発・転移だからあきらめてしまうのか。まだ長生きできる可能性があると思えるか。この違いだけです。全身転移説に立った場合は抗がん剤治療だけだったのが、オリゴメタ説だと、患者さんに提供できる治療を見つけられると思いますよ。

私がほかの医師と違うところは、それこそ善本さんの治療のように、ＭＲＩ診断から、動注塞栓療法、外科までさまざまな名医の力を集めた「チーム・ブラックジャック」を結成できたことがいちばん大きいことですから。

「抗がん剤は効かない」と書いた本について

「じつは私、その本の主張に、一部賛同なんです」

善本◇ただ、最近は、抗がん剤に対する風当たりが強くなっていますよね。

この患者さんは自分が抗がん剤に弱いことを知り、今度使う予定のタキソールの副作用のことも調べて、その上で、使いたくない、と先生に相談していますが、そもそも抗がん剤治療をやりたくない、という患者さんも増えているような気がします。

「抗がん剤は効かない」と書かれた本も出ているくらいですからね。

抗がん剤のエキスパートである先生から見たら、このような風潮はかなり逆風になるのではありませんか？

岡田◆いえいえ。私の場合、まったくそんなことないですよ。

それどころか「抗がん剤は効かない」という意見に、一部ですが賛同している部分もあるくらいですよ。

善本◇でも、先生は抗がん剤治療のエキスパートですよね？　そんな人が、抗がん剤は効かないなんて意見に賛同してはいけないと思いますけど。

岡田◆ですから、賛同しているのは一部だけです。

今、使われている抗がん剤は明らかに効きますよ。でも、抗がん剤でがんが完治することは、ありません。そのため、治らない＝効かない。このように捉えると、その本の題名はあながち間違っていないことになります。

つまり、**抗がん剤が効く、効かないということよりも、抗がん剤だけでは治らない患者さんにも、抗がん剤治療しか提示しないのが標準治療、すなわち今のがん治療**です。

善本◇なるほど。標準治療でおこなわれる延命治療だと、どうせ治らないから、抗がん剤そのものを使わなくてもいいじゃないか、という考え方ですね。

「延命治療の全身抗がん剤」にNO！の選択はアリですが……

「治すために抗がん剤を使うというもう1つの選択肢」

岡田◆もちろん、今の抗がん剤は、昔とは比べようもないほどよく効くようになっています。本来ならば抗がん剤もがんを治すための大きな武器のひとつなんです。

でも、ただ抗がん剤を使うだけではいずれ効果がなくなり、病状は進行し、悲しい結果が待っていることも事実です。

私は「抗がん剤は効かない」などの本を書いた医師にかかっていた患者さんを何人か診て、看取ってきましたが、ご本人が本当によく理解した上であればそれもありかなと思いました。

本人の納得のいくような医療を提供する。

個別医療というのは、そういうものなのだと思います。

善本◇理解……？　このような人は、延命目的の抗がん剤治療をどのように理解しているのでしょうか？

岡田◆延命目的の抗がん剤治療の場合、抗がん剤でつらい思いをして、亡くなるときにもつらい思いをすると考えるようです。

たしかに抗がん剤ははっきり言ってしまえば、毒です。毒をもって毒を制すという意味での毒ですけどね。

でも、がんという毒を制することができなくなった抗がん剤は、体にとって毒にしかなりません。副作用によって吐き気や倦怠感が出るばかりでなく、骨髄抑制から、体の抵抗力は一気に落ちて、ほかの病気でさらに苦しむ。こんなリスクもある薬です。

そんなリスクを背負いながら、延命のためだけに抗がん剤を使うというのは、どうなのか？と疑問を持つ患者さんもいらっしゃいます。

そう考えると、抗がん剤を使わないという選択肢自体はあってもいいように思います。

しかし、今の抗がん剤は、この本を書いた先生が活躍していた時代とは比べようもないほど高い延命効果があります。そして、私の経験では抗がん剤をまったく使用しない場合、進行したがんが引き起こすさまざまなツラい症状のコントロールも困難になります。

Sさんのように、しっかりとがんをコントロールできれば、長期にわたって、元気でいることもできますから。

善本◇でも、先生のところに「抗がん剤は使いたくない」という患者さんが来たときは、さすがに困るのではないですか？

岡田◆私の患者さんのほとんどが再発した状態でやってきますので、全身に回っているかもしれないがんにも対処しなくてはいけません。ですから、抗がん剤は必ず使います。

　では、そんな私のところに抗がん剤を使いたくない患者さんが来た場合、どうするのかというと、何の問題もありません。

　私は、抗がん剤を「治すため」に使っています。もしくは、長期間、元気で生きるために使っています。

　ここが標準治療で延命目的に使われる抗がん剤治療との大きな違いです。

　このことさえわかっていただければ、患者さんはほぼ全員納得してくれます。

　少し話を戻しますが、「抗がん剤は効かない」という考えが出てきたおかげで、患者さんには、「あえてがんと闘わない」という選択肢が生まれました。

　どうせ、延命治療の全身抗がん剤では治らないのだから、抗がん剤でツラい思いをしない選択肢を取るということですね。

　しかし、私はここにもう1つの選択肢を提案したいと考えています。

「**治る可能性を追求して、あきらめずにがんと闘う**」

　昔は、この選択肢を選ぶのは難しかったと思います。選んだはいいけど、ツラい思いだけで、結局亡くなってしまう。

しかし、今なら、完治まで持っていく可能性も生まれました。

それこそ、善本さんが生きる見本ですからね。

そもそも抗がん剤はがんにどう作用するのか

「二重らせんと『ウォーリーをさがせ！』についてお話しします」


善本◇いえいえ、私だけじゃないです。これまでにも先生は多くの患者さんを窮地から救い上げていますからね。

だから私も患者会に集まってくれたみなさんにこう話しています。

「生き残りたいと思っているのだから、確実な死を待つより、可能性に賭けて動いたほうがいいじゃないですか」

こういう言葉は、私だけが窮地から救われただけではでてきません。生き残る可能性を事実だけでなく、理屈でもわかっていなければいけないので、私も先生からは日々勉強させていただいております。

ところで、抗がん剤は恐ろしい薬だ、髪が抜けて、体が弱って、心もぼろぼろになる。でも、なぜ、そうなるのか？　ということについては意外と知られていないと思うので、抗がん剤が体の中でどのような働きをするかについて説明していただけませんか？

岡田◆そうですね。抗がん剤といってもいろいろな種類がありますが、代表的な抗がん剤の機序（どういうふうにがんに作用するのか）について説明します。

抗がん剤というのは、がんをやっつけるための薬です。

しかし、がん細胞だって、元は自分の細胞から生まれたものですから、ほかの細胞とがん細胞の区別というのは、なかなか難しいのです。

でも、がん細胞には大きな特徴があります。それが、「異常な速度で分裂を繰り返す」ということです。

そこで、細胞が分裂する過程から説明していきます。

細胞には、核というものがあります。この中にはＤＮＡと呼ばれる人体の設計図（遺伝子）が入っています。

ＤＮＡは細い紐2本をより合わせたような形になっています。「二重らせん」という言葉で覚えている人も多いと思います。

細胞分裂は、まず、この二重らせんを解いて1本の線にします。

その後、ＤＮＡの複製をおこないます。

そして、細胞が、まるで左右から引っ張られた大福もちのように、2つに分裂していきます。じっさいはもう少し複雑ですが、抗がん剤に関連する部分のみを抽出すると、この3段階の過程のみを覚えていただければ大丈夫です。

抗がん剤というのは、この細胞分裂の過程に作用する薬です。

たとえば、治療録によく出てくる「TC」という抗がん剤。これは、「タキソール」と「カルボプラチン」という抗がん剤の略称です。

カルボプラチンは、プラチナ系と呼ばれる抗がん剤の一種で、これは、DNAの二重らせんを解くのを阻止します。らせんが解けなければ、当然、DNAの複製ができず細胞としての機能も失います。

タキソールは、タキサン系と呼ばれる抗がん剤で、細胞が分裂するときに現れる微小管とよばれるヒモのようなものを固めてしまい、2つに分裂するのを阻止します。

ほかにも、DNAの材料になりすましてDNAの複製を妨げる抗がん剤もあります。先ほどのSさんに使用した5－FUの抗がん剤がこれに当たります。

このように、**細胞分裂の過程で邪魔をし、分裂を阻止することでがん細胞を殺す。これが、現在、もっとも多く使われている細胞障害性抗がん剤**といわれるものです。

しかし、ここで問題があります。

昔流行った絵本『ウォーリーをさがせ！』を例に挙げて説明しますと、ウォーリーを探すときには、まず、あの特徴的な縞々の洋服を着ている人を見つけていきますよね。

ここから、顔の細かい特徴を確認しながらウォーリーを見つけていきますが、多くの抗がん剤は、この縞々の服という段階で探すのを終え、攻撃を開始します。

つまり、細胞分裂を止める作用を持っているということは、分裂途中にある細胞ならばすべてが攻撃対象となるわけです。

髪の毛を作る細胞は、普通の細胞に比べて活発に分裂している細胞です。骨髄の中で血液を作っている細胞も同様です。

ということは、自然とこれらの細胞も抗がん剤の餌食になってしまうのです。

そのため、抗がん剤を投与すると髪の毛が抜ける、赤血球や白血球などが少なくなる骨髄抑制が起こる、と、このような副作用が起きるわけです。

ほかにも倦怠感や吐き気など副作用にはさまざまなものがありますが、これらは、異物を体に入れてしまったことによる反応だと考えてください。

善本◇なるほど。私自身、抗がん剤によって何度も髪の毛が抜け落ちたことがありますが、これは、それだけ抗がん剤が効いているという証拠でもあるんですね。

ちなみに、ほかには、どのような抗がん剤があるんですか？

が有名です。

岡田◆分子標的薬という抗がん剤があります。先ほどのSさんにも用いたハーセプチンなどが有名です。

これは、『ウォーリーをさがせ！』で言えば、縞々の服だけでなく、顔までしっかり見極めて攻撃する。つまり、がん細胞だけを攻撃する抗がん剤です。**がん細胞は、発生した部位によって、特徴が大きく変わります。そこで、それぞれのがん細胞の特徴を見極めて攻撃する、というのが分子標的薬です。**

がん細胞だけを攻撃するので、これなら髪が抜けるなどの副作用も起こりません。

ただし、タキソール、カルボプラチンなど細胞分裂を止めるタイプの抗がん剤に比べると、使用できるがんの種類が少なく、たとえば、ハーセプチンの場合、乳がんと胃がんの患者さんの2～3割ほどしか効果が現れません。また、薬価が高いというのも患者さんに重くのしかかる負担です。

しかし、分子標的薬は非常に有効で抗がん剤治療の世界を大きく変えた薬剤ですから、今後も広く使われていくものと思います。

ほかにも、がんそのものを攻撃するのではなく、がんが補給路として作る腫瘍血管というものを標的にして兵糧攻めにする抗がん剤があります。また、乳がんの一部や前立腺がんなどホルモンががんの進行を早めるタイプのがんは、ホルモンを抑制することで、がんの進行を遅らせる。このような抗がん剤もあります。

さらに、ここ数年で注目を集めているのが、免疫治療です。

これまでも免疫系に働きかける薬は開発されてきましたが、大きな効果が期待できず、そのわりには高価ということもあって、陽の目を見ることのなかったジャンルです。

しかし、ここ数年で大きな変化がもたらされました。

これまでの免疫治療薬は、免疫機能を高めるという考えで作られてきました。ところが、今注目を集めているものは、「がんが持っている免疫細胞から身を守る性質を無効化する」という考えから生まれた免疫治療薬です。

私の憶測ではありますが、今後は免疫治療薬が抗がん剤の市場を席巻していくように感じています。

善本◇この仕組みは私も知りませんでした。ここまで知る必要ってありますかね？

岡田◆医師でも、専門医以外はここまで仕組みを知らないかもしれません。

でも、仕組みを知ることは、楽しいことでもあるので、抗がん剤に疑問点を持っているのなら、調べてみることをおすすめします。

善本◇でも、抗がん剤が効くということはわかりましたが、現実的には、抗がん剤でがんが根治することはまれなんですよね？

そこで、今度は逆にどうして抗がん剤だけでがんは治らないのか？　ということも聞いてみたいです。

抗がん剤は効かないのか

「効かないのではなく、治すために使っていないのです」

岡田◆まず、大きな腫瘍の場合、抗がん剤だけでは対処できません。腫瘍内部にまで抗がん剤が浸透しませんから。

また、がんは細胞分裂を繰り返しながら、さまざまな特性を身につけていきます。抗がん剤が細胞の中に入ったとたんに、吐き出してしまう性質や、抗がん剤があってもへっちゃらになるような性質を身につけて耐性化します。つまり、抗がん剤が効かないというよりは、効かなくなるということがまず挙げられます。

繰り返しになりますが、再発・転移した後は、全身抗がん剤治療しかしない病院がほとんどです。善本さんがやった動注塞栓療法は、抗がん剤を使った局所治療です。カテーテルを使い抗がん剤を直接、腫瘍にドン、と注入して、外科手術でがんを切除するのと同じようにがんを直接狙い撃ちするものです。

これに対して全身抗がん剤治療だと、薄まってしまい、どうしても、がんの病巣を抑制する（これ以上大きくはならないようにする）程度の効き目になるというのは仕方がありません。

善本◇延命治療の抗がん剤は、そもそも患者さんを治すために処方していない。それが「抗がん剤は副作用が激しく苦しむだけ」「病院や医師や大手製薬会社を儲けさせるだけ」などと、考え方がエスカレートして、全身治療をおろそかにする患者さんもいますね。

岡田◆このような誤解をしている人は多いかもしれませんね。

抗がん剤は効かないわけじゃありません。効かないのではなく、治すために使っていないのです。抗がん剤は効かないという誤った知識で、抗がん剤治療を拒否していた患者さんも診てきましたが、この誤解から症状を悪化させていました。

……もう少し早く診てあげられれば、という思いを持ってしまいますね。

善本◇抗がん剤治療をおこなわないと、どのようなことが起こってしまうのでしょうか？

岡田◆オリゴメタから全身転移になってしまう可能性が高まるでしょうね。

私は、標準治療を完全に否定しているわけではありません。ただ、オリゴメタという考えを持たずに、再発・転移＝全身転移と考えるのは、早計ではないか？　と言っているだけです。ですから、やはり**再発・転移でも早期発見、早期治療なのです。早期なら、オリゴメタの可能

性も高いので、完治の可能性は高まりますから。

しかし、抗がん剤治療をおこなわない、ということはがんを放置することになります。それこそ全身転移説そのものの状態になってしまう可能性が高まっていきます。

「もう少し早い段階で局所治療をやっておけば」という患者さんもいます。これは、再発・転移後に標準治療にのっとって、全身抗がん剤治療だけをおこなった場合のことですね。

それこそ、さきほどの乳がんの患者さんのSさんがいい例です。

1つの特異的な（これまで投与していた抗がん剤が効かない）転移が現れたら、全身に特異的ながんが回っている。だから、抗がん剤を変える。でも、新しい抗がん剤にしても、病巣を消し去るわけではなく、せいぜい病巣を小さくする効果しかありません。しかも、特異的ながんが各所に散らばってしまうリスクは時間の経過とともにどんどん高まっていきます。

善本◇なるほど。抗がん剤を全面否定してしまうと、ますます完治が望めない状態に近づいてしまうというわけですね。

ほかにも、先生から見て治療が難しいケースはありますか？

岡田◆治療に耐える体力がない場合です。

また、抗がん剤治療を長期にわたりおこなってしまい、有効な抗がん剤がなくなってしまった人は治療が難しくなります。

あとは、がんの質ですね。がんは人によって、増殖速度も違えば、転移のしやすさも違いますから。たとえば、未分化がんと呼ばれるがんは、とてもタチが悪く、現在の医療でも手に余るものです。ただ、未分化がんでも、現れたばかりならば、抗がん剤で対処してオリゴメタの状態に戻せる可能性もありますが、少しでも遅れると、あっという間に、全身に転移してしまいます。

でも、現在、いちばんの問題は、再発・転移したがんを早期発見、早期治療できないことにあります。

じっさいに、ケース4で紹介したHさんは、医師に何度も「経過観察」と言われ、早期治療の機会を逃していますからね。

再発・転移したら治らない、という常識が、再発発見の遅れにつながっています。

善本◇やっぱり、再発・転移でも治るための鍵《かぎ》は、早期発見、早期治療というわけですね。

岡田◆そのとおりです。

民間療法との正しいお付き合いとは

「丸山ワクチン、アガリクス、ゲルソン療法……」

善本◇そういえば、患者会をしていると、いろいろな質問を受けるのですが、その中に、民間療法をやったほうがいいのか？　という質問もよく受けます。

無理をしなければ、試してみてもいいんじゃない？　とは答えていますが、どうなんでしょう？

岡田◆アガリクスというきのこががんに効く、ということで多くの人が試していますが、実際にアガリクスでがんが治ったという患者さんもいました。とってもびっくりしましたけれどね。

丸山ワクチンも30代の女性でしたが右肺の半分ほどの肺がんが、私が受け持っていた7年間まったく大きくなりませんでした。

アガリクスも丸山ワクチンも免疫療法のカテゴリーに入るものですが、これらは年齢が若いほうがいいような印象があります。

それほど民間療法に詳しいわけではないので、多くを語ることはできませんが、このような万が一もあるので、副作用の心配がなく、経済的に無理のない程度ならば、否定はしないです。ただし、民間療法一本槍になって、病院でのがん治療の全否定に走るのはどうかなと思います。

善本◇では、多少、体に負担をかけてしまうゲルソン療法などはどうでしょうか？

岡田◆塩分などを摂取しないことで、がんを弱らせるという民間療法ですね。

少し過激な方法ですが、これもはっきりしたことは言えません。

でも、あくまで個人的な意見ですが、もともと塩分過多、脂肪過多という偏った食生活を送っている人が多い国、たとえば、アメリカでの食事は、気をつけないと、このような食事になりがちですよね。ですから、このような国の人なら、効果があるのかもしれません。でも、日本人の体質には合わないのではないか？　とは思っています。

しっかりと栄養バランスを考えた食事をしている人が、塩分を抜くと、害のほうが大きいような気がします。

でも、患者さんが民間療法に走ってしまうのは、藁をもつかむ気持ちから。私たち医師から「再発・転移したから治らない」と言われた結果なのかもしれませんね。

善本◇そのためにも、再発・転移でもまだ治る可能性はあるということを広めないといけませんね。

というわけで、最後のケースです。先生、よろしくお願いします。

医療の地域格差

「希望の光が見えました」（主治医）

❖ ケース6　Nさん（30代）

2011年4月、33歳のときに血便。
8月、主治医となる医師の診断は局所の進行性直腸がん。
繰り返し再発したもののそのつど、手術や放射線、化学療法などを実施。
2015年10月、岡田医師を訪ねたときは、骨盤内リンパ節転移の再々発の状態。

岡田◆この方は、地元の主治医と良好な関係を築いていていました。Nさん自身も「治りたい」という気持ちを強く持ち、主治医も「治したい」という気持ちを強く持っていました。
初発は直腸がんでした。主治医の先生は、化学療法と放射線療法をして腫瘍を縮小させてから、根治手術をしました。

しかし、手術範囲を超えて見えない浸潤をきたしており骨盤内のリンパ節に再発。その後、化学療法18回→再手術→補助化学療法19回と、大変な治療に取り組みながら根治を目指して、がんばっていました。

それでも、骨盤内に2ヵ所再発が見つかり、2度の手術と放射線療法をおこなった後ということだけでなく、この患者さんは仙骨というお尻を支えている骨にも癒着するように病変が残っており、もしこれを手術でとろうとすると仙骨も切除する大規模な手術になり大きな後遺症を残します。

本来の標準治療なら、ここで手詰まりになってしまうところですが、本人がサイバーナイフという放射線療法を見つけてきて主治医に相談。治る可能性のあるものならと快くサイバーナイフに送り出してくださいました。

サイバーナイフというのは、放射線治療の一種でレントゲンと同じX線を使います。違いはビーム状にした細い放射線をいろいろな方向から当てていくということ。腫瘍の部分だけ重なるようにビームを制御して多くの放射線が当たるようにします。放射線療法の中では、かなり優れた治療法です。

しかし、サイバーナイフ実施から半年後に1ヵ所、局所再発が見つかりました。サイバーナイフは優れた方法ですが、直腸がんはX線自体に感受性が高くないため再発したと考えられます。

と、このような状態で私のところにいらっしゃいました。

私の見立てでは、X線を2回実施して再発していますから、根治を目指すには、「線質」を変える必要があること、3回目の照射は重粒子線治療のように線量集中性の高い治療法以外は不可能ということ、そして何より周りの正常組織のダメージを考えると4回目の照射はない、つまり今回が根治の最終的なチャンスと考えました。

絶対に外せない治療ということです。この時点の治療法としてはまだ分子標的薬が残っていましたが、分子標的薬はがんが一時的には見えないほど小さくなっても、あるとき効かなくなり、すぐに病巣が元の大きさになるということがしばしば起こります。

以上を踏まえ、重粒子線治療前に分子標的薬を使用し、病巣を抑制して極力ターゲットを絞った状態で重粒子線治療に臨みました。

照射後1年弱ですが、経過は順調です。骨盤の下部にある仙骨にまで、がんが浸潤していたので、坐骨神経障害を心配していましたが、今のところこの問題も出ていません。

ただ、今でも坐骨神経障害の可能性は残されているので、少しでも神経障害を軽減するために、神経に栄養を運んでいる微小血管の血流をよくする漢方薬や、ビタミン剤を内服してもらっています。

善本◇漢方薬も治療に使うのですね。

岡田◆私は漢方も詳しいので、使えるものはなんでも使いますよ（笑）。

善本◇では、このケースは、どこに問題があるのでしょう？

まだ、完治にはいたっていませんが、経過も良好ですし、とくに問題はないと思われますが？

岡田◆地域格差の問題です。

Nさんの主治医の先生は、ほんとうにいい先生で、患者さんのことをとても心配してくれています。サイバーナイフを用いたときのように、標準治療外でも患者さんが治ると思えば、常識の枠を超えた治療を施してくれるすばらしい先生です。

これは、強く言いたいことなんですけど、私の経験上、**地方のお医者さんは、いい人が多いですね。患者さんを治したいって思っている。でも、地方だと、導入している医療機器の問題などで、どうしても治療法が狭まってしまいます。**

たとえば、Nさんの場合は重粒子線治療でしたが、がんが進行するにつれて、だんだんと使える武器は限られていきます。しかし、残された治療を施せる設備が地方にはない。

また、正しく情報が伝わっていないため、主治医も患者さんの病状に対して、どのような治療をすればいいのかわからない、ということが起こっているのです。

重ねて言いますが、Nさんの主治医は、とてもすばらしい方です。

私が、この患者さんを受け持つに当たり、何度か連絡をしましたが、「重粒子線治療ができそうです」という返事に対して、この先生から最初に頂いたお手紙が忘れられません。

我がことのように喜んでいる内容が続き、最後に「希望の光が見えました」と結ばれていました。

その後も、重粒子線治療が始まるまでの間、分子標的薬を実施していただきましたが、腫瘍マーカーが低下したと喜んで報告してくださるなど、つねに患者さんと寄り添う、という言葉どおりの先生で、これからも一緒に治療したいと思いました。

でも、この先生は、この患者さんが重粒子線治療の適応内だということを知りませんでした。

この先生が不勉強というわけではありません。どれだけ勉強をしている医師でも自分の治療に携わる分野での最新情報、外科なら外科の最新情報、放射線医なら放射線治療の最新情報を知るだけで、手いっぱいになってしまいます。それほど医学というのは日々いろいろな情報が飛び込んでくる世界なのです。

ですから、専門外、とくに自分の病院や近隣の病院でもおこなっていない治療法の情報までは、なかなか手がまわらないのです。

善本◇誰も悪くない。患者さんも生きるために情報をあつめ、お医者さんも生かしたいと考えている。

それでも、うまくいかない。こういうこともあるんですね。

岡田◆そうですね。これは私の課題でもあって、今後、全国の地方の病院の先生方との協力体制を作りたいと思っています。ただ、それまでにはずいぶん時間もかかるので、患者さん自身が行動を起こすことも大切だと思います。

じっさいに、Nさんは、自分でサイバーナイフという治療法を見つけ出したり、ブログを書いたりと、行動を起こしたことが、善本さんとのつながりとなり、重粒子線治療という、この人にとって有効な武器をもたらしてくれたわけです。

善本◇やっぱり、患者から現場を変えていくしかないですね。

それにしても、この本、再発・転移の話ばかりになっていますが、大丈夫でしょうかね？

岡田◆いいと思います。やっぱりがんで恐ろしいのは再発・転移です。

再発・転移前なら、希望が持てる情報を集めることは難しくないですし、手術に放射線に抗がん剤。いわゆるがんの三大治療で、完治することも多いですからね。

とはいっても、がんが消えたとしても不安は消えません。「再発したらどうしよう？」そんな思いを抱きながら日常を送っていると思います。ですから、そういう方のために再発・転移をこの本の主題として扱ってもよろしいのでは？　と思いますよ。

再発したとなると、ぱったりと希望を持てるような情報が手に入らなくなりますからね。少なくとも医学的な情報で希望が持てるものは、ほとんど手に入りません。

だから、再発・転移すると、民間療法などに目を向ける人が増えてしまうと思うのです。

善本　◇　たしかにステージが低く手術などでがんを取り除いても、再発・転移を怖がっている人は大勢いますからね。

再発・転移しても大丈夫。

こういう希望を患者さんに持っていただきたいです。

なんだか、Nさんのケースは、これから話そうと思っていた、患者がどのようにすれば、最後までがんと闘えるかというテーマのいい見本になっているみたいですね。

岡田　◆　たしかにそうですね。結局、**患者さんの「生きたい！」という気持ちを主治医に伝えて、主治医とともに行動に移す**ことが大切なのだと思います。

善本　◇　やはり、大切なのは、人とのつながりともいえますね。これは、あきらめないでがんと闘うために、私たちが伝えたいことでもあるので、そろそろこの点について、じっくり話していきたいと思います。

というわけで、現在の問題点をいろいろな症例から挙げてきたわけですけど、たくさんありますね。

医師の質、セカンドオピニオン、抗がん剤、患者の選択……。

でも、結局は標準治療という壁がいちばんの問題ですね。

岡田◆そうですね、そのとおりです。再発・転移前は有効に働く標準治療が、再発・転移後は高い壁になってしまう。

でも、この標準治療という常識に、必ずしも患者さんがとらわれる必要はありません。

善本◇自分の人生ですからね。では、この章の最後に、ズバリ聞きたいのですが、再発・転移で治る可能性はどれくらいでしょうか？

岡田◆百パーセント治ると言いたいところですが……。でも、避けられない質問ですので、答えさせていただきます。

私の医療は個別性が高いので一概には言えませんが、再発・転移でも早期発見、早期治療ができ、患者さんと主治医がともに闘っていただければ、5割以上の確率で治せるように思います。

とくに大切なのはともに闘っていただくという部分で、善本さんはこれによって、普通に考えたら生存率0％でも完治したのですからね。

善本　◇　5割以上!?　それはすごいですね！

岡田　◆　ですから、希望を捨てずに積極的な治療にたどり着いてほしいと思います。現在のがん治療の世界は再発・転移でも完治する可能性に目をつぶっているだけなのです。その目を少しでも開かせるだけで、再発・転移でも完治する可能性はグッと高まります。

善本　◇　私もそう思います。**再発・転移したら標準治療では助からない。それが常識になっている。**

でも、それは必ずしも「正しい常識ではない」ということは、がんになったすべての人に知ってもらいたいです。

では、これらの問題を踏まえながら、患者はどのようにがんと闘えばいいのかについて、話していきましょう！

第三章

闘うがん治療

いたたまれない感情の解消法

「がんになった人じゃないとわからない気持ち」

善本◇さて、患者さんがどうがんと闘っていけばいいのか、ということですけど。

岡田◆いよいよ本丸ですね。

ここは患者さんがメインとなるので、私よりも善本さんにいろいろとお話をしていただきたいと思います。

まず最初に、患者さんがいちばん気をつけないといけないことはなんでしょうか？

善本◇まずは、がんになったときの自分の精神状態ですね。

これを知っておくことが大切です。もしかしたら、がんになっていちばん困ることは、気持ちが塞ぎこんでしまい、他者との心の交流が難しくなってしまうことかもしれません。

でも、この気持ちを作り出しているのは自分自身です。ここから抜け出すためには、自分の気持ち、自分の精神状態を知ることが大切だと思います。

私もがんと告げられたときは、とにかく頭が真っ白になって呆然としました。

あふれでてくるさまざまな感情を処理しきれないのです。とにかく、いろいろなことが頭に浮かび、しかもそれぞれが今の自分が背負い込むにはあまりにも重すぎて……。

それで、家族の顔を見た瞬間、感情が爆発して泣いてしまったわけです。


岡田◆そうですね、今では、診断の結果、がんだとわかれば、患者さんに「がんです」と告知し、説明することが当たり前になりましたからね。

でも、伝えればいい、説明すればいいというものでもありませんよね。病気を伝えられる患者さんの気持ちも踏まえて、伝え方を考えることも大切だと思います。

だって、やはりとてもショックなことだと思いますし。


善本◇そうなんです。私はこれまで神経が図太いと思っていましたが、それでもショックは大きかったです。

自分の中から出てきた感情を自分自身で受け止めきれない、みたいな感じです。

残された家族に申し訳ないし、「どうして私が」って気持ちからイライラもするし、これからどうしよう？　って不安が押し寄せるし、家族だけでなく友だちとかに気を使わせちゃうのも嫌だし、自分の体で何が起こっているかわからないし、そもそも何が悪くてがんになったかわからないし……。

もう、**挙げていったらキリがないくらいに、いろいろな感情がドッと降り注ぐ、それもネガティブな感情が大粒のあられのように心に降り注ぐ**んです。

この気持ちをどうコントロールすればいいのか……。

たぶん、この乗り越え方は人それぞれ違ってくると思うので、はっきりと「こうしたほうがいい」とは言えません。

岡田◆善本さんは地元で信頼できる先生が主治医についてくれたのに、それでもショックは大きかったということですね。

善本◇私の場合、家族といると無理にでも笑顔を作らないといけないので、それが本当にツラくて、情けない話ですが家出しました。

娘を母に預けて、朝から晩までパチンコ屋にいました。本当に自分でもバカだなぁって思いますけど、そのときは「もう、お金なんていらない！　全部使ってやる！」なんて変なことを考えて、パチンコ屋に入り浸りました。

でも、意外とそれで、心が晴れたんです。

ほら、パチンコ屋ってものすごくうるさいじゃないですか。そんな喧騒の中でひとりぼっち、でも、周りには人がたくさんいる。

最初は「きっとこの中でがんになったのは私だけだろうなぁ」「こんなツラい思いを抱えているのは私だけだろうな」なんて涙を流しながら、打っていたんですけど、時間が経つに連れ、だんだんとまわりが見えてきたんです。

すると、隣のおじさんが台を叩いていたり、誰かが当たりを引くとキョロキョロと周りを見回すおばちゃんの姿があったりして、こんなことを思いました。

「ああ、この人たちはがんでもないのに、たかだかパチンコで負けたくらいで台を叩いたり、人の当たりを気にしたり、何をしているんだろう」

変な話かもしれませんが、そんな姿を見ていたら「私もがんばろう」って思えてきたんですね。

今回、岡田先生とお話しさせていただくということで、このときの気持ちを分析してみました。

がんになって、いろいろな気持ちが湧きましたが、その中でももっとも強かった気持ちは**「私が悪い人だからがんになった」でした。別に神様を信じているわけではありませんが、まじめに生きず、ヘラヘラと生きていたことへの罰が与えられた。そんなふうに考えていました。**

相当、心が弱ってたんでしょうね。

それで、パチンコ屋に行って、がんにもなってないのにパチンコ屋で朝から時間つぶして、台に向かって怒っている人の姿を見ていたら、自分のことを「そんなに悪くはない」って思えるようになったのだと思います。

岡田◆死に向き合わざるをえない病気になったことで、ひとりで考える場所が必要だったってことでしょうね。場所こそパチンコ屋さんですけれど（笑）。

で、そのパチンコですけれど、結果は？

善本◇結局、パチンコ屋には2日連続で行きました。10万でも20万でも好きなだけ使ってやる、なんて思っていたのに、2日とも大勝したんです（笑）。

それで、今度は友だちをたくさん呼んで、自分のおごりでパーッと飲み食いしました。

そうしたら、もう気分が晴れました。

岡田◆すばらしい！

善本◇私の気持ちの晴らし方は、あまりにもおバカなので、みなさんの参考になるとは思えませんが、とにかくがんになると絶望感が押し寄せることは間違いない事実です。

この気持ちのまま雪崩《なだ》れ込むように治療に入ってしまうと、前向きな気持ちで治療を受けられません。そこで、まずは、絶望感を取り除くことから始めてほしいと思います。

私の場合は、パチンコ屋で自分と向き合って、少し悪い言い方ですけど、周りのダメな人たちを見て、自分の存在価値っていうのかな？　とにかく自分はそんなに悪くないって気持ちを取り戻して、極めつけに、友だちとバカ騒ぎすることで、気持ちを晴らしました。

こんなおバカな例で恐縮ですが、大切なことは、自分の気持ちを閉じ込めないことだと思います。

がんになって絶望的な気持ちになったときくらい、好き勝手なことをしてもいいじゃないですか。

もちろん、誰かれ構わず当たり散らすなど、人に迷惑をかける行為はダメですけど、人に迷惑をかけない程度で好き勝手できることを探してみてください。

食べるのが好きな人なら食に浸ればいいし、遊ぶのが好きならパーッと遊べばいい。とにかく好きなもの、好きなことで心を解放することは、かなりいい方法だと思います。

このような行動をとることで、**がんになったことで心にまとわりついた負の感情が落ち、その後、家族や友人たちを愛している気持ちが残っているのを確認する**ことができました。

手段は人それぞれ違うと思いますが、がんになった人は、負の感情が澱《おり》のように溜まっています。これを自分なりの方法で上手に落としてみると、きっとその後に残された心って意外ときれいなものだと思うんです。

心の底から笑ったこと、見ているだけで笑顔になる人のこと、心臓が跳ね上がるほど嬉しかったこと、包まれるような優しさを感じたこと。

なんでもいいです。

自分の中にある美しい記憶をその輪郭まではっきりと描くことができれば、「生きたい」という気持ちをブレさせることなく、前向きにがんと闘えるようになると思うのです。

これが、がんとの闘いの初戦だと思います。

もちろん、心の問題なので、人それぞれではありますけど「生きたい！」の根拠を作ることは、がんと闘うために大切なことだと思います。

岡田◆なるほど。これまで、何百人ものがん患者さんの治療をしてきましたけれど、ここまで深い心情は、がんになった人じゃないとわからない部分ですね。

それで、気持ちの問題はある程度解消しましたか。

善本◇いえいえ、全然解消しません。不安や孤独はそれでも残り続けます。がんにかかる人はたくさんいるけど、自分と親しい人が同時期にがんになるなんてことはほとんどないじゃないですか。だから、気持ちの共有がなかなかできないのです。がんになってない人は、死と向き合ってもいないし、手術の痛みも知らない、抗がん剤の気持ち悪さも知らないし、退院しても再発の恐怖と闘っていることも知らない。でも、周りの人たちも、これらについて何も知らないことをわかっているから、がんになった私にやたらと気をつかう。この気づかいが他人行儀に感じられる。

みんな、自分のことを心配してくれています。でも、だからこそ感じてしまう違和感。これが孤独を作り出していると思います。

じっさいに、患者会をやっているとよくわかります。がん患者は、大なり小なり全員孤独を抱えているものです。
そして、この孤独が、がん治療の大きな障害となっています。
そこで、岡田先生がいろいろな「武器」を用意してがんと闘うように、患者さんもがんと闘うために、武器を持たなければいけないと思います。

医師の「武器」と患者の「盾」

「がんと闘うということは常識と闘うこと」

岡田◆医師の場合、武器とはさまざまな治療法になりますけど、患者さんの場合、何が武器になるのでしょうか？

善本◇お医者さんの場合、実践的な技術が武器になりますが、**患者さんの場合、心の技術を武器にすることが必要になります。それがこの3つです。**

1　知識力
2　判断力

3　コミュニケーション能力

これが、患者さんが身につけるべき3つの武器です。

いや、何かを攻撃するためにに用意するわけではないので、武器というより「3つの盾」と言ったほうがいいですね。

この3つの盾を持って患者さんはがんに立ち向かってほしいと思います。

岡田◆たしかにこの3つ、なかでも、医師の立場からしたら、前の2つ、知識と判断力を持っている患者さんはありがたいですね。

善本◇私としては、3つめのコミュニケーション能力がいちばん大切だと思いますけど。

そういうわけで、患者に必要な3つの盾について順を追ってお話しさせてください。

まず、知識力。

周囲から感じる違和感によって患者さんが孤独に陥るとお話ししましたが、その違和感を助長しているのが「不安」です。

自分の体で何が起こっているのかわからない。自分の体をどのように治療されているのかわからない。

このような不安を抱えていては、孤独は大きくなるばかりです。

でも、これらは知識を得ることでかなり軽減できると思います。

そこで、自分の体で何が起こっているのか。自分がどのような治療をされているのか。つまり、がんの基本的な知識と自分が受けている治療がどのようなものかという基本的な知識は最低限持っておいてほしいと思います。

自分のがんがどのようなもので、だからこの治療をしている、と、自分自身が納得できるだけの知識を得ることができれば、**がんは正体不明の見えない病気から、見える病気へと変わります。この変化が訪れるだけでも、不安はずいぶん抑えられる**と思います。

今は、ネットを使えば、がんについての医学的な知識はすべて手に入ると言ってもいい時代です。

抗がん剤の作用などはこの本でも紹介していますが、ネットを使えばさらに詳しく内容を知ることができます。がんの仕組みも詳しく知ることができます。

岡田◆でも、ネットだとどの情報が自分にとって有用でどれが意味のない情報なのか判断するのが難しいですよね。

医学用語だらけでわかりにくかったり、とてもやさしい説明だなと思ったらじつはあやしい民間療法などに誘い込む入り口だったり、いい加減な知識でもっともらしい説明をしているページもたくさんあって、玉石混交ですからね。

あと、調べすぎて逆に不安になる人もいるかと思います。

とにかくネットだと情報量が多いので、何がよくて何が悪いのかがわからなくなって、不安解消のために調べ始めたのに不安が増すだけ。

このようなことにも注意しないといけません。

善本◇そのとおりです。**そこで味方になってくれるのが主治医です。勉強してわからないことがあったら、直接聞いてみればいい**んです。

やっぱり、一見患者さんに愛想が悪くても、しっかりと病気に向き合ってくれているお医者さんの持っている知識はたしかです。だから、患者さんの迷いも主治医がしっかりと解決してくれます。

迷ったときこそ主治医の存在のありがたみを知る機会になると思いますよ。

また、知識を得ることで、お医者さんへの質問の内容も大きく変わります。

「抗がん剤って効くんですか?」とか「治りますか?」など、どうしても聞きたい質問も多いと思いますが、このような聞き方は、真剣に治療にあたっているお医者さんを疑っているようにも聞こえてしまいます。

抗がん剤は効くから使っているし、治すために治療しているのです。

これでは良好な関係は築きづらくなりますよね。

でも、このような質問も知識を身につけると、変わってきます。
「この分子標的薬は自分のがんに適用できますか？」
「これでマーカー値が上がらなかったら、大手を振って退院できますね！」
知識があれば、抗がん剤の質問、治るかどうかの質問も、このように主治医が答えやすい形に変わります。

岡田◆そうですね。いい質問をすることで、いい先生を見つけ出したり、先生のいいところを見出したり能力を引き出すことができるように思います。**愛想がよくてコミュニケーションのうまい医者がいい、とも限りませんからね。愛想の良し悪しより質問に真正面から答えてくれているかどうかが大事です。**

ネットや本で仕入れたがんにかかわるいろんな情報なども主治医の先生と話すことで、きちんとした知識に変えていけるかもしれませんね。

善本◇そうですね。私も先生との会話からたくさんの知識を得られましたから。

とにかく、大切なことは、自分のために知識を手に入れること、自分の気持ちを不安から守る盾として知識を手に入れることだと考えます。

岡田◆誤解のないように言わないといけませんけれど、**自分でしっかりとした知識を身につけようとする「意識の高い」患者さんのほうが、完治する可能性も高くなる傾向にある**と思います。

がんの治療はツラいというイメージが先行して楽な治療に走ってしまうことがあります。でも、しっかりした知識をもっていれば、そういう一種の誘惑に負けることもなく、ずいぶん違うと思うのですね。

善本◇そこなんですよね。これが、民間療法へと人を誘《いざな》ってしまう要因にもなっています。ですから、知識は、判断力とセットで身につけなければいけない能力だと思います。

知識と言えば、もうひとつ、お金についても知ってもらいたいと思います。

国や自治体は、重い病気を持った人に対していろいろな保障をおこなっています。これらは、しっかり調べておかないと損をすることも多く、知っていたほうが絶対に得なので、身につけてください。

岡田◆ビジネススクールを修了してMBA（経営学修士）も取得したのに、こういうお金の話って苦手なんです。私の知っているのは高額医療保険制度くらいかしら。

善本◇「高額療養費制度」ですね。医療費が高額になり一定額を超えると、超えた金額は払い戻されますが、**あらかじめ申請しておけば、病院の窓口で払うお金を当初から一定額で止められます。**

また、この制度は、月ごとの医療費で計算されるので、抗がん剤治療など、高額な治療を受

けるときには、月をまたがないようにするなど、上手に利用すればかなりお得に活用できます。

岡田◆では、こちらは善本さんの担当ということで。私は治療で精いっぱいですからね。

主治医を味方につける方法

「がんを治すことができるのはお医者さんだけだから」

善本◇はい、わかりました。任せてください。知識は荷物になりません。がんになった機会にいろいろなことを知ろうとする姿勢は大切です。

こうして、知識を得ていくことで、不安を解消するだけでなく、もうひとつのメリットも現れてきます。

知識は、コミュニケーションの面でも役に立ってくれます。

岡田◆善本さんがいちばん大切だという、コミュニケーション能力ですね。

善本◇はい。

これは、声を大にして言いたいことなんですけど、がん患者にとって、最大の味方は主治医です。

患者同士で仲良くなる、家族に病状を理解してもらう、友人たちがこれまでと変わらず接してくれる。

これらも大事なことです。私も闘病中は家族や友人、それから患者仲間に本当に助けられました。正直に言えば、がんになって初めて、人と人とのつながりの温かさ、優しさ、嬉しさ、喜びを本当の意味で感じることができたと思っています。

でも、これらはすべて精神的なものです。心が満たされることは、健康のためにも大切ではありますが、それだけでがんが治るわけではありません。

がんを治すことができるのは、お医者さんだけです。

主治医を味方につけること。

これは、患者さんが真摯に向き合わなければいけないことだと思います。

岡田◆え？　主治医はそもそも患者の味方じゃないですか？

善本◇そりゃ岡田先生は最初から味方になってくれるでしょうけど、そういうお医者さんばかりとは言えないじゃないですか。パソコンのモニターだけを見て、一度も患者さんの顔を見ずに診察を終えてしまうようなお医者さんもいるんですよ。

岡田◆一見無愛想な先生でも、腕がよくて結果にコミットしてくれるならいいと思いますけれどね。

善本◇こういうお医者さんこそ、味方になってくれれば心強い、いや、むしろ今まで敵だと思っていたからこそ、味方だと感じられるようになるのは、心強いことです。

そのための第一歩が知識を持つことだと思います。

私自身、がんになってからたくさん勉強しました。

母親からも「あんた、がんになってからお利口になったね」と言われたほどです。

そして、がんについて知ることで、大きな変化を感じることができました。

「お医者さんの言葉がわかる」ようになるのです。

それまでもわかっているつもりでしたが、知識を得てから改めてお医者さんの話を聞くと、今までは、わかったフリをしていただけで、何もわかっていなかった、ということがよくわかります。


岡田◆お医者さんって、医者になるまで、そして医者になってからも、コミュニケーション能力が鍛えられる場が必ずしもないので、日本語でなく「医者語」を話すコミュ障な人が少なくないかもしれません。

善本◇先生もそういうところがあるし……。

岡田◆はい？

善本◇あ、何でもないです。

でも、医者語とはうまいこと言いますね。

そう言われると、お医者さんの言葉が理解できないのもわかるような気がします。難しい言葉は仕方ないにしても、少し考えれば理解できる言葉でも、患者さんが理解する時間を与えずに話を続けてしまう。こういうお医者さん独自の間合いで話すのも医者語ですね。

正直言って、お医者さんの言葉は、患者さんに伝わってないことがほとんどです。

「患者にわかるように説明しない医者が悪い」

患者さんからしたらこのような考え方もできますし、それはけっして間違っていません。しかし、患者さんがわかるように説明できるまでの変化を待っている時間は、私たちがん患者にはありません。

ならば、お医者さんやシステムが変わるのを待つのではなく、自分が変わったほうが手っ取り早いのではないでしょうか？

岡田◆「相手が変わるより自分が変わる」ですね。

善本◇スピードが重要ながん治療には、この考え方はとても大切だと思います。

お医者さんの言葉はこちらが知識を持てば、確実に理解できる言葉です。

お医者さんの話がわかりづらいなら、自分が理解できるように変わってしまえばいいのです。

知識を身につけ、医者語をマスターしてしまえばいいのです。

こうして、話が通じる患者になる。それだけでも、主治医とのコミュニケーションは深まるはずです。

岡田◆あと、善本さんの場合、この本でもそうですけど、「知らないフリ」ができるところもいいですよね。

たとえば、これまで私が語った知識はすでに知っていることばかりでしょう？

それなのに、初めて聞いたような感じで、話を振ってくれますからね。

善本◇そうですね。抗がん剤が効く仕組みまでは知りませんでしたが、ほかのことは全部、私の中にもある知識でした。それでも、初めて聞いたように話を聞けるというのは、闘病生活の中で身につけた「お医者さんの前で知識をひけらかさない」という考えがあるからです。

知識を得ると、ついつい人に話したくなるものです。

でもこれは、知識を盾ではなく武器として使っています。

たとえば、あまり例として出したくありませんが、ネット上での言い争いなどを見ていると、知識を武器に言い争いをしているケースばかりが目立ちます。

それを見るたびに、知識で人を攻撃しても、がんが治るわけでもないのになぁ、なんて悲しい気持ちになります。

しかも、知識と技術を武器に長年病気と闘ってきたお医者さんに対して、患者さんが知識をひけらかしてしまうと、「知ったかぶり」と思われてしまう恐れもあります。

別に自分から知識を披露しなくても、知識を盾にお医者さんの話を理解することができれば、お医者さんは、患者さんの微妙な反応で、「自分の話が理解されている」と気づいてくれるものです。

だから、わざわざ知識を語り「私も学んでいます。わかっています」と強調する必要なんてありません。

静々としたたかに知識を盾にしたほうが、結果的にお医者さんとの仲を深めやすくなると思います。

岡田◆ それはそのとおりですね。患者さんが医師と同じステージで〝ミニ医者〟になってもけっして医師を超えることはできません。むしろ、**患者さんのプロを目指したほうが賢明です。そのほうが医師は一目置くと思います。具体的には、医師の説明をしっかり聞いて理解し、的確な質問をして正しい判断をする**ということです。

善本◇ そう思います。お医者さんとコミュニケーションが取れるようになると、孤独な気持ちもさらに解消されると思います。

岡田◆ でも、コミュニケーションなら、それこそ患者会に参加したほうが同じ状況にいるもの同士の集まりなので、より効果的だと思いますけど。

善本◇そうですね。患者会はどこも多かれ少なかれ寂しさの解消という目的は掲げていると思います。

しかし、そこでも「判断力」が重要になってきます。

がんと闘う盾・冷静な判断力

「足を使うこと。そして、それ以上に目と口と耳を使うこと」

岡田◆では、判断力について教えてください。

善本◇たとえば、抗がん剤の副作用がきつくて苦しいのに、主治医との折り合いが悪く、病院の対応も悪かったとします。

そんなときに、「抗がん剤なんて病院がお金儲けのために使っているもの」という情報を得てしまったら、真実とは思わないまでも、信じたい気持ちにはなると思います。

がん患者はとにかく心が弱ります。

自分の命の不安、周囲の不理解、治療に対する疑念、再発の恐怖。

不安の種を挙げていったらキリがありません。これらが少しずつ心に絡みつき、縛り上げ、心を弱らせていきます。

そのため、今までの自分よりも耳触りのよい言葉に流されやすくなっています。また、孤独に陥ると、誰にも相談せず自分で何でも決めようとするため、客観的な判断も難しくなります。

全員がそうなっているとは言いませんが、やはりがんになって心が弱ると、これまでとは違う自分になってしまうものです。その変化の影響をもっとも受けやすいのが判断力です。

岡田◆そうですね。標準治療で治る患者さんは判断力がどうなろうととにかく標準治療に乗っかってしまえばいいので、問題ないと思います。

問題は、標準治療では治らない場合です。

主治医に「治りません」と言われると、患者さんは、絶望してそのまま治らないと思い込んでしまいます。平常心を完全になくしてしまいます。

標準治療が最良の治療であると信じきっている主治医は、治らないと思い込んで自信を持って〝治りません〟と言うわけですから、患者さんの心の中で、「治らない」というのは確信になっていきます。でも、ここで本当は一呼吸おいていただきたいですね。

善本◇そうですね。たとえ、「自分は変わっていない」と思っていても、やはりがんになると、判断力は知らず知らずのうちに鈍ってしまうものです。

とくに再発・転移が見つかって、このことを告げられると、死が目前にあるわけですから、冷静な判断力は必ずと言っていいほど失われます。

そこで、「自分の判断力は鈍っているかもしれない」という意識を持っていただきたいと思います。

では、判断力を身につけるにはどうすればいいかというと、それほど難しいことではありません。

岡田◆ え？　難しいと思いますけど？

善本◇ まずは、動くこと。足を運べるならばしっかりと自分の足で情報を手に入れること。先ほど、**ネットで情報を得られると言いましたが、それでも、なるべく直接人から話を聞いて情報を手に入れたほうがいいです。**

たとえば、国や自治体の保障のことを知りたいのなら、ネットで済ませずに役所に行く。がんであることを面と向かって話すことが、なんとなく嫌だという人も多いことでしょう。そのような人は、役所に電話して聞いてみる。

入院中は、**主治医だけでなく、自分の治療に絡んだお医者さん、看護師、放射線技師、薬剤師など、それから病院のスタッフの方々とも、気軽に話せるような間柄になって聞いてみる。**

自分の治療に活かせそうな情報を見つけたら、じっさいに足を運んで自分の目と耳で確かめていろいろ質問してみる。

足を使うこと。そして、それ以上に目と口と耳を使うこと。

これが、判断力を磨くポイントです。

なんだか、当たり前のことを言っているようですが、この当たり前のことが難しくなってしまう。体だけでなく心も蝕まれてしまう。これががんという病気です。じっさいに、自分ががんだとわかると、元気な人でも、足と口を動かさなくなる傾向にありますからね。

ですから、意識してたくさんの人と会話するようにしてください。話せば話すほど、変化が訪れるはずです。

がんについて話すときでも、最初は「がんになった自分が話をする」ため、自分の経験や感じたことを話す、もしくは不安や恐怖を他者への悪口に変えて話してしまうと思います。

しかし、がんについていろいろな人と話していると、だんだんと自分のことを話す時間が減っていき「がんという病気について会話をする」というスタンスに変わっている自分に気づくと思います。

岡田◆ここまでくれば、判断力もおのずと元に戻ります。

善本さんの方法は具体的でいいですね。

それで間違った民間療法にはまってしまうこともなくなるかもしれませんね。

善本◇「〇〇したらがんが消えた」とか「××を食べるな」とか。がんにかかると、余計な情報をくれる人もたくさん現れます。

この治療法がいいよ。〇〇という水は体にいいよ。がんは免疫力を上げることが大事で、それには××がいいよ。今度この集会に参加してみない？　神様って本当にいるのよ。などなど。

知人、友人、それから病院の待合室で突然話しかけてくる人まで、とにかく、がんになると、治療法から怪しい宗教の勧誘まで、どうでもいい情報が山のように入ってきます。

結局、判断力というのは、人を見極める力です。

でも、多くの人が、がんになる前だったら、このような情報を聞いても見極めることができると思います。

たとえば、民間療法の場合だと、医者から匙を投げられて、どうすることもできなくなった人が藁をもつかむ思いで民間療法に手を出します。

ここまでは、仕方のないことです。助からないなら、少しでも助かる方法にすがる。生き残りたいと願っているなら、当然の流れでしょう。

でも、1つの民間療法が効かないと、次の民間療法に手を出し、また次の民間療法へ……。

最初はアガリクスなど民間療法の中でも効果があるという情報が多いものから始まり、それが効かないとなると、高価で怪しい健康器具やサプリメント、健康を害するだけの過激な民間療法、そして、最終的にはインチキ宗教に救いを求める……。このような人も大勢います。

これが鈍った判断力の恐ろしさです。民間療法が効かないせいで、さらに判断力を狂わせ、さらに怪しい民間療法へ……。このような判断力欠如のスパイラルから抜け出せなくなる。

でも、しっかり人と話して、冷静な判断力を取り戻していけば、どこかで歯止めをかけられます。

岡田◆このような精神状態で、民間療法をやるケースでいちばん怖いのは、民間療法に救いを求めるあまりに病院での治療を疎《おろそ》かにすることです。再発・転移してもすぐに治療を開始すれば治る可能性が十分にあるのに、この再発・転移した直後の大事な時間をすべて民間療法にあててしまい、せっかくの治すチャンスを逸してしまうということがあります。

標準治療しかしない病院で、「もう治らない」と言われてしまった。

このような人が民間療法に救いを求めてしまうのは、仕方がないことだと思います。

でももし、この本を読んで治るまで闘うがん治療を目指そうと思ったのなら、医学の可能性をもう一度見直していただきたいと思います。

善本◇先ほど話に出てきた患者会にも同じことが言えます。

集まるたびにお医者さんの悪口大会になるような患者会もたくさんあります。でも、このような患者会に参加しても、ストレスが発散されるだけで、がんとまったく向き合っていません。でも、このストレス発散が気持ちよくて、ついつい何度も足を運んでしまい、その結果、主治医への不満だけでなく、医学への不満も募っていき、どんどん積極的な治療から自ら遠ざかるというケースもあります。

お金や時間の浪費は、命の浪費でもあります。

このようなことにならないためにも、「がんになったら判断力は鈍るもの」と心に留め、いろんな人と話すようにしてください。

ただし、判断力も武器として使ってはいけません。

自分と違うことを主張している人に向かって「こういう考え方もある。治る可能性だってまだある」と相手に喰ってかかってはいけません。

「なるほど、自分とは違う考え方を持っている人たちなんだな。じゃあ自分には必要ないか」と判断力を盾にやんわりと逃げる。このように使ってください。

岡田◆判断力が人と話すことで戻ることはわかりました。ただ、がんになる前から判断力が残念な人はどうすればいいと思いますか？

善本◇元に戻ることはできても、判断力の底上げは難しいと思います。

先生の天然ボケがなおらないみたいなもので。

岡田◆うっ……。

善本◇あ、でも、判断力を上げるというわけではありませんが、行動の基準みたいなものは、2つほど挙げられます。

・まずは、医学を信じて、主治医の話すことを受け入れる。

・再発・転移が見つかったら、すぐに動く。

この2つは、がんと闘うための判断力、行動基準になると思います。

岡田◆医師の話を受け入れる？　それは、標準治療しかしない医師でもですか？

善本◇あ、一度は受け入れてくださいという意味です。

ここまで再発でも治るということを言ってきたので、ここまで読んだ人なら、標準治療しかしないお医者さんであれば、そういうお医者さんだということにすぐに気づくと思います。それでも、しっかりと良好な関係を築いたほうが、間違いなく自分にプラスになります。身につけた知識の真偽を確かめるには、お医者さんの持っている知識は、やっぱり頼りになりますからね。

その上で再発が見つかったらすぐに動くということです。

主治医が自分のことを本気で助けたいと思ってくれているなら、積極的な治療をしてくれる人を紹介してもらう。主治医にそのような人脈がない、もしくは本気で助けたいと思ってくれていないと感じられるなら、自分で治療できるところを探して、紹介状を書いてもらってセカンドオピニオンにすぐ動く。

このように、すぐに動くということを行動基準に決めてしまえば、行動を単純化できるため、判断力がなくても問題なくいい行動をとれると思いますよ。

岡田◆なるほど。そうですね。**標準治療しかしない、と言われても、基本的には医師の話を受け入れる。でも、すぐに動く。**

うん。なんだか、医師に好かれそうな患者像が見えてきますね。

がんと闘う盾・コミュニケーション能力

「笑顔。楽しそうに笑うこと。つらいときこそ笑うこと」

善本◇では、より好かれるために、最後のコミュニケーション能力についてお話しさせていただきます。

会社や学校など、コミュニケーション能力が必要な場所は数多くありますが、再発・転移した人にとっては、コミュニケーション能力がないと生き残れない。そう言っても過言ではないほど大切だと思います。

何度も言いますが「再発・転移したらもう治らない」が常識になっているのが現状です。それを覆すには、主治医の心に残るような患者さんにならなければいけないと思うのです。そして、人の心に残るためにはコミュニケーション能力は絶対に必要です。

岡田◆これは、私も身につけたいですね。どうすればいいですか？

善本◇営業成績で全国トップに立つみたいな圧倒的なコミュニケーション能力が必要なわけではありません。

普通のコミュニケーション能力で十分です。ただ、少しだけ感情をコントロールしていただく必要があります。

つまり、これも盾ですね。

自分の心を表に出さない盾としてのコミュニケーション能力が必要になると思います。

まず、**何よりも大切なのが笑顔です。**

とにかく笑顔。楽しそうに笑うこと。つらいときこそ笑うこと。これがいちばん大切です。

もしかしたら、これだけでも治療は変わってくるかもしれません。

笑顔の患者さんは医師にパワーを与えますからね。それに、お医者さんは患者さんの悲痛な表情には、言い方は悪いですが、慣れてしまっているという面もあります。ですから、そんな中で笑顔でいてくれる患者さんがいれば、きっといい印象を持ってくれると思います。

岡田◆でも、「この人、自分の状況をわかってるのかな？」とも思ってしまいそうですけど。

善本◇そこは、知識がカバーしてくれます。

自分の話はわかっている。深刻な状況だということもわかっている。でも、笑顔を絶やさない。

想像しただけでも、心を打たれそうじゃないですか？

岡田◆それは自画自賛？（笑）

善本さんは、地元の病院でじっさいにそんな感じだったみたいですし。

善本◇ええ。主治医の先生の後ろをちょこちょことついていったり、用もないのに「せんせい」って声をかけに行ったり、とにかく暇さえあれば、先生の姿を探してた感じです。

岡田◆生まれたばかりのひよこみたいですね。

善本◇でも、これもコミュニケーションとして大事な力だと思うんです。

主治医を好きになること。人間的なよさを見つけて、好きになってしまうこと。

好意というのは、相手に伝わるものだと私は思っているので、これはいい方法だと思います。私は、意識してやっていたわけではなく、本当に好意を持っていただけですけど。

でも、主治医の先生も私の好意に引きずられて、私を好いていたと思いますよ。

このように思ってもらえれば、もう必然的に「助けてあげたい」と考えてくれるようになります。

医師が「助けてあげたい」と思う。これは、間違いなく患者さんにとって大きな力になります。

岡田◆でも、その病院では結局、標準治療以外のことはできなかったのですよね。

善本◇そうですね。うーん、でも、それでも、いいと思います。標準治療以上のことをしたくてもできないお医者さんが大半ですからね。

好意を持つと、その人に任せようと考えてしまう人も多いと思いますが、がん患者がお医者さんに持つ好意は、「任せる」ではなく「一緒に自分のがんと闘ってもらうこと」だと思います。仲間としての好意ですね。

地元の主治医の先生も、その気持ちが通じて、一緒に闘おうとしてくれたから、「私が治るためなら」と、快くセカンドオピニオンに送り出してくれたのだと思います。

もし、私が主治医に不満を持っていたら、このようにまっすぐな気持ちでがんを治そうとは思えなかったでしょうね。

主治医に不満を持ちながら、セカンドオピニオン先を探すと「ほかのお医者さんの治療を受ければ治るかも」と、治療法ではなく、お医者さん個人の問題にすり替えてしまいがちです。

でも、多くのお医者さんが標準治療しかできないのが現実ですから、これでは、違うお医者さんがこれまでと同じ治療をする、という結果になってしまいがちです。

岡田◆なるほど。それでは行く甲斐がないですね。さらに、**もともとのお医者さんと関係が悪いとその負の感情が連鎖して、いくらセカンドオピニオンをとってもうまくいかない。**それで、いろいろな医者を巡り歩く、いわゆるドクターショッピング状態になってしまうこともあるでしょうね。

善本◇私の場合、主治医の先生が好きだったので、この人がやっていることは間違ってない。でも、ほかの治療をしないと助からない、ってことが頭にありました。

だからこそ、東京に出てきて、清水敬生先生に初めて会ったとき、不愉快な気持ちになりましたけど、それでも「この人しかいない」って思うことができました。

直接的ではないかもしれませんが、主治医に好意を持つ、好意を持たれるというのは、このように新たな出会いの判断をするときにも役に立つと思います。

岡田◆もともとの主治医とのコミュニケーションがうまくいっていたことが土台にあるからこそ、善本さんは完治の道に辿り着くことができた、というわけですね。

お医者さんに取り憑いている悪魔

「標準治療で助からないわが子を医師は見捨てるでしょうか」

善本◇あと、精神的な部分ですけど、お医者さんから「この人を死なせたくない」「助けてあげたい」と思われることは、とても強い力になります。直接、言葉にはしないかもしれないけど、そういう気持ちはやっぱり感じ取ることができるものです。

友人や家族だって、私に死んでほしくないと思ってくれますが、第三者、それも何人もの死を見てきた**お医者さんが「死なせたくない」って思ってくれることは、本当に心を強くしてくれます。**

「生きていいんだ、もっと生きたい！」

と、生きることにものすごく前向きになることができます。

だから、標準治療しかしない、できないお医者さんだとしても、味方につけることの意味はものすごく大きいと思います。

岡田◆たしかに、私も、善本さんを助けてあげたいと強く思いましたね。「最初は善本さんが私の手のひらの上にいたのに、ふと気が付いたら私が善本さんの手のひらの上にいた」というか。

どうにかしたいと必死に考えましたからね。

善本さんの「生きたい」という前向きな強い気持ちがそうさせたのでしょう。

善本◇はい。私なんて、本来何の強さもありません。芯なんてふにゃふにゃです。

でも、生きたいと思う気持ちは誰にも負けないくらいに持っていたと思います。

本当にそのことを思うと、私を支えてくれた人たちに感謝してもしきれないくらい、胸がいっぱいになります。

変な話かもしれませんが、私は心から「がんになってよかった」って思ってます。

もちろん、二度とがんになりたくない、とも思ってますけど（笑）。

岡田◆大丈夫、再々々発したらまた治してあげますから（笑）。

善本◇やめてください。がんの経過観察の検査をするたびに「再発したらどうしよう」と思いながら、冷たい汗を流しているんですから。

そうそう。コミュニケーションでひとつ言い忘れてました。

もしかしたら、「コミュニケーション能力なんてないからどうしようもない」と、思っている人もいるかもしれません。

でも、もし、自分に足りないと感じることがあったら、それこそ「自分を変える」ことに踏み出してください。

身も蓋もない言い方ですが、再発・転移したら、現在常識となっている標準治療ではまず助かりません。

まずは、この常識に立ち向かう覚悟を決めてください。

自分はこれから、助からない、治らないをひっくり返さなければいけない。

標準治療外の治療に辿り着くことは簡単なことではありません。

そのためなら、何でもやる。自分を変えたほうがいいなら、変えてやる。

厳しい言い方ですが、これくらいの覚悟がなければ、再発・転移のがんと闘うのは難しいと思います。

岡田◆そうですね。善本さんから患者さんを紹介されることがありますけど、みなさん覚悟が決まっています。

でも、じつは、この覚悟がある人じゃないとなかなか治す医療ができないのです。

やはり、医師と患者がお互いに信頼し合い、がんと闘うことが重要ですから。

善本◇ここで、私も標準治療について、言いたいことがあるのですが、**お医者さんには、「標準治療」という名の悪魔が取り憑いている**と思っているんですよ。

岡田◆……？　ちょっと意味が……。

善本◇お医者さんの子ども、奥さん、恋人、親友という、かけがえのない人が、がんになって再発したら……。

それでもこのお医者さんは、奥さんやわが子に、「もう治らない。全身抗がん剤治療しかない」と告げると思いますか？

岡田◆必死に助かる道を探すでしょうね。

「再発したら助からない」と思っている、標準治療の呪縛から逃れられていないお医者さんでも、**延命治療でしかない全身抗がん剤治療を選ばずに、積極的な治療、それだけでなく、助けるためなら、たとえ民間療法でも効果があるというなら試してみよう、と必死になる**と思います。

善本◇そうなんです。「もう助からない」「全身抗がん剤治療しかありません」というのは、医者と患者という限られた関係のときに現れる悪魔みたいなものだと思うのです。

岡田◆なるほど。人を悪く言わない善本さんが〝悪魔〟という言葉をつかったからちょっとびっくりしましたけれど、熱心で人間性豊かな医師でも、標準治療のルールが正しいと思い込まされてしまう。そして、その妄信が結果として大切な患者さんの命を奪ってしまうということなのですね。そういえば、私にも痛恨の患者さんがいます。

以前は、私も外科から内科に回ってきた患者さんは、もう治らないということなのだと思い込んでいて、化学療法しかしませんでした。今から思うと、本当に申し訳ない気持ちになります。

善本さんがあえて、〝悪魔〟とか〝取り憑かれる〟という強い言葉をつかったのは、知らない間に、患者さんに対する心よりも形にとらわれてしまうことへの警鐘ですね。

善本◇そのとおりです。でも、親しい間柄、いや、そこまで親しくなくても、好意を持っていれば、当然、その人のことを「どうにかしたい。死なせたくない」と思いますよね。

こうなったら、**医者と患者ではなく、人と人の関係になると思うんです。そして、このとき、医者に取り憑いている標準治療の悪魔は、追い払うことができる**と思うのです。

岡田◆客観的な関係を主観的な関係にする、と言えばいいのか……3つの盾で、好意的な関係を持ち、信頼関係が築ければ、その瞬間、医師はこの患者さんを救うために、標準治療を超えた治療を模索する。

そして、患者さんに積極的治療の知識があれば、具体的な治療法について相談したりお願いしたりもできるというわけですね。なるほど、これはいい方法だと思いますよ。

善本◇ありがとうございます。

私の場合、積極的治療の知識がなかったので、地元で再発が見つかったとき、主治医にお願いすることはできませんでした。でも、この本を読んでいるみなさんなら、それも可能だと思います。

岡田が実施した医師400人アンケート

「勉強熱心な医師にとって標準治療はけっして最善の治療ではない」

岡田◆もちろん、すべての医師が、積極的治療に動いてくれるわけではありません。でも、こんなデータがあります。

このデータは、私が以前愛知県と名古屋大学の協力を得て実施した大規模なアンケート調査の結果ですから、こちらはエビデンスレベルという意味でも負けないですよ（笑）。

がんの診療を日常的に実施している中部地方の大病院8病院の医師を対象として保険診療ではない重粒子線治療についてのアンケートを実施し、400人余りの先生方から回答を得ました。各病院の院長先生にお会いして調査の協力をお願いし、回収率は88％です。

保険診療では得られない優れた治療効果が見込めるのならば、

①保険診療にこだわらずに実施する
②保険診療が望ましいがやむを得ない場合は保険にこだわらない
③保険診療のみ

という選択肢です。どういう結果になったと思いますか？

善本◇そうですね。現状を考えると、①が10％、②が20％、③が70％ぐらいですか？

岡田◆ブー、残念。ハズレです。じつは、このアンケート結果は、本当にびっくりするくらいにきれいに3等分になりました。

つまり、治すためなら保険にこだわらない治療をすると答えた医師の割合は70％近い数字になっているということです。

しかも、この調査は〝標準治療〟ではなくて、〝保険診療〟へのこだわりですからね。私の医療は重粒子線治療以外は保険診療ですから、標準治療にこだわらない医師の割合はもう少し高くなると思います。

そして私がアンケート調査の対象にしたのは、中核病院と言われる総合病院で日常的にがんの診療をしている医師です。つまり、みなさんが地元で診ていただく先生方の回答に近いかと思います。

善本◇え？　じゃあ、標準治療とか保険診療しかしないって本気で言っている人って全体の3分の1くらいなんですか？

岡田◆そうなんですよ。これまでさんざん、標準治療が常識だと言ってきましたが、その常識の壁は崩れかかっているのです。

ただ、最後まであきらめずにがんと闘う治療法には、標準治療のような大規模臨床データがなくエビデンスが弱いのと、医師自身の忙しさや訴訟リスクなどの問題もあるため、いまだに標準治療を続けてしまうだけです。

私がアンケートの回答を求めることができた医師は、学会に熱心に参加している、つまり最先端医療についてよく勉強している人がほとんどなので、この数値は絶対ではありません。

でも、**医師としてつねに新しい情報を身につけようとする意欲を持っている人ならば、少なくとも再発・転移したがんは、標準治療が最善の治療ではないということはすでにわかっているのです。**

善本◇やっぱりそうなんですか。

主治医としっかり仲良くなった患者さんから話を聞くと、半分くらいの人は、積極的治療をしてもらっているんですよ。

岡田◆やはり、そうですか。

医師が先ほどお話しした、訴訟リスクやエビデンスレベルの低い治療を選ぶリスクをとることができるのはただひとつ、患者さんとの信頼関係です。医師が患者さんを信頼できるかが非常に大きなポイントですが、それは患者さんが医師を信頼することから始まるように思います。親身に診てくださる素地があるのですから、患者さんがそれを引き出すことでいい結果を得られる可能性は十分にあるように思います。

善本◇そうなると、岡田先生が再発・転移のがんでも治せる理由って、ものすごく大切になると思います。

だって、岡田先生の治せる理由にほかのお医者さんが賛同してくれたら、もっと多くのお医者さんが積極的治療に走ってくれる気がするんですよね。

治るチャンスを見落とさない

「私たちが再発・転移がんでも治せる理由」

岡田◆そうですね。繰り返しになりますが、まとめの意味も込めて、もう一度お話ししますね。

私の治療の根拠となっている〝オリゴメタ（少数転移）説〟ですが、がんの診療に真剣に取り組んできた先生方なら気が付いていることだと思います。

特に、私と同じ世代で病理解剖が当たり前の時代に育った先生方は、必ずしも転移が全身になんかないことはこの目で見ています。私たちの世代の医師が若かりしころは、学会誌や医療専門誌に、1人か2人の患者さんの症例について「こういうことがあったよ」とか「こういう方法をやったらよかったよ」と、翌日にでもすぐに実践できそうな医療情報が掲載されていました。

その筆者の先生に患者さんを紹介して専門誌に載っていた治療法をやっていただいたこともありました。

昔の医療雑誌や学会は、論文を発表して業績を作る場ではなく、情報交換の場でもあったのです。

でも、今は雑誌に載っていることを真似して実践するなんて言語道断の時代になってしまいました。ケースレポート（症例報告）や個人的に症例を集めたデータはエビデンスレベルの低いものとして扱われ、それを根拠にした医療はやってはいけないことになったわけです。

〝オリゴメタ説〟にお話を戻します。前に述べましたが、〝オリゴメタ説〟は十分なエビデンスとともにいくつもの信頼度の高い国際ジャーナル（雑誌）に掲載されています。

ただ、転移がない患者さんに比べて転移のある患者さんは、その部位や程度などバックグラウンド（背景）をそろえるのが難しく、標準治療で実施されているような大規模な比較試験には馴染まないのです。

再発・転移を治すポイントである局所治療は、全身治療と同じ方法で評価するものではなく、どちらかというと、医師同士が論じ合い意見交換することでコンセンサス（合意）を得ていく方法が最良だと思います。

善本◇先生はなぜオリゴメタ説をとるのですか？

岡田◆すべての患者さんがオリゴメタということではありません。ただ、少なくとも再発・転移早期は、オリゴメタの状態、あるいは全身化学療法をして見えない微細な転移を処理すればオリゴメタ状態になるのじゃないかと考えています。そしてこれが根治の必要条件となります。

そして、がん細胞の転移のメカニズムを考えると、すべてのがん細胞が全身に転移して転移先で好き勝手に増殖するというのはむしろがんにとって難しいことだと思います。血液の中には免疫細胞がいますし、転移先の臓器は元の場所とはまったく異なった環境です。原発巣を離れて血液の中に到達できたからといって、すべての臓器ですいすいと増殖できるとは到底思えません。

唯一可能になるのは、第一章でｉＰＳ細胞を例に、未分化の細胞や幹細胞の説明をしましたが、この性質を持った「がん幹細胞」、つまり原発巣の臓器の特性をもたない未分化な性質のがん細胞くらいなのじゃないかと思います。

がんの転移先には、好発部位と言って、転移しやすい場所がありますが、裏を返せばその部位以外は転移しようとしても転移できないことがほとんどなのです。

全身に転移しているわけでもないのに、**全身に転移していると過大評価をした結果、治るチャンスを逸するというのが、私が全身転移説に異論を唱え、全身転移説を前提としている標準治療を妄信することに警鐘を鳴らす理由です。**

医療というものは、〝過不足なく〟がキーワードで、正確な病状把握とそれに対する最小限の治療が原則だと思います。まるでブラックジャックのような外科系の名医の手術が美しいのは、私たちには見えない病巣の正確な範囲が見えていてスピーディーに過不足なく切除するからです。彼らの手術で術後合併症が非常に少ないのも余計なものを切除しないからです。

もちろん、治せない患者さんもいます。

でも、再発・転移でも早期発見さえ心がければ、治らない条件を回避できる可能性は高まります。

初発がんの人が再発・転移しないための心得

「腫瘍マーカー、近くの開業医さん、主治医、セカンドオピニオンについて」

善本◇　初発の人は、再発することをものすごく怖がってます。
そのような人に何かアドバイスはありますか？

岡田◆　そうですね。**初発患者さんの予後（治療の終わった後）の診察は3ヵ月ごとに行われることが多いと思いますが、腫瘍マーカーは1ヵ月に1度診てもらったほうがいい**ように思います。

これは、総合病院などの大病院ではなくて、近くの開業医の先生がいいと思います。大切なことは〝同じ医療機関〟で、その〝変化〟をみることです。

腫瘍マーカーの数値は、グラフにして記録することをおすすめします。上昇傾向になったら、基準値を超えていなくても再発の可能性があります。1回上がっただけなら誤差の範囲かもしれませんが、2回続けて、グラフの角度が上がるように数値が上昇していたら、要注意です。

近くの開業医さんで、という理由は2つあります。ひとつは開業医の先生にも病状をわかっていただいておくことは患者さんにとって大切なことだということです。また、大病院の主治医が必要以上に忙しくならないようにすることで、いざ再発したときにその治療に専念していただけるということです。3ヵ月に1度の経過観察患者さんが1ヵ月ごとになって外来患者さんが3倍になったらたくさんの患者を抱える大病院の先生方は過労死してしまいますからね。

善本◇3ヵ月に1回を1ヵ月に1回に。これは、ぜひ実践していただきたいです。

あと、私としては、主治医としっかりコミュニケーションを取れるようにして、あらかじめ「悪魔」を追い払ってほしいと思います。

岡田◆善本さんの言おうとしていることがわかりました。標準治療絶対主義みたいに、標準治療しかしない先生でも、確固たる信念があって標準治療をしているのではなく、標準治療を刷りこまれてしまい妄信しているということですね。

悪魔を追っ払って主治医と仲良くなるというか信頼関係を築くことができれば、病院が積極的ではないという場合でも、解決方法というものが出てきます。セカンドオピニオンもスムーズにできると思います。

善本◇セカンドオピニオンについて何かアドバイスはありますか？

岡田◆そうですね。セカンドオピニオン先を見つけるポイントですけど、今は、**大学病院や**

がん専門病院を辞めて、個人でクリニックを開業されている腕のいい先生も結構いらっしゃいます。

というか腕がいいから独立できるんですね。そんなお医者さんも増えています。たとえば、私のお師匠である清水敬生先生がそうですね。

そのような医師は、病院の軋轢《あつれき》とは関係ないので、積極的な治療を提示してくれる可能性は高いと思います。

ですから、病院の大きさでセカンドオピニオン先を探すのではなく、その人の実績や評判なども見ながら、探してみてください。

善本◇最初から先生のような、悪魔の憑いていないお医者さんに会えたら最高です。でも、積極的治療に踏み出せないお医者さんでも、患者さんが持つ3つの盾の力で、その人から悪魔を追い払い積極的治療に導けばいいと思います。

岡田◆そうですね。でも、患者さんにお願いするだけではなく、積極的治療を推進するために私たちも何かしなければいけませんね。それとこの本を読んでくださった方のためにも、何かしてあげたいですね。

……あ、私たちにできることがひとつありました。

もし、積極的治療になかなか辿りつけなかったら……。

善本◇え？　そんな奥の手みたいな方法、隠し持ってたんですか？　教えてください。

岡田◆善本さんの患者会に行ってください。

善本◇なんですかそれ。人任せですか！

でも、いいですよ。私だって、再発で困っている人のために患者会を作ったんですから、ぜひ、来てください。

でも、女性を中心としたがん患者のための患者会なので、男性の方は、親しい人が代わりに参加してくださいね。

あ、私も奥の手を考えました。

岡田◆う、お返し？

善本◇先生、この本、たくさんお医者さんに配ってください。

たくさんのお医者さんがこの本の存在を知ってくれれば、患者さんもラクじゃないですか。この本を見せるだけで、患者さんが何を望んでいるかわかってもらえますから。

岡田◆アイドル歌手グループのデビュー時の手売り5万部みたいな全国行脚ですね。これまで、全国から患者さんに来ていただいたり、善本さんと同じように患者さん自身にいろいろなところに行っていただいたのですから、今度は私の番ということですね。わかりました。がんばって配らせていただきます。

善本◇私たちもがんばりますので、みなさんも早期発見、早期治療で、再発がんでもあきらめずに闘ってください。

大丈夫。自分を変えるために3つの盾を身につけて、主治医に巣食う標準治療の悪魔を追い払うことができれば、主治医は絶対にあなたの味方になってくれます。

自分が変われば、まわりの人を変えることができます。

主治医が変われば、治療も大きく変わります。

その主治医独自の人脈を使って、岡田先生の治療のように、多くの人が集まってブラックジャックを作り出すような治療にも巡り合えます。

ですから、あきらめずに闘ってください。

岡田◆そうなってくれると私もうれしいです。

私ももっと患者さんを診たいと思っています。

でも、内科医である私は、患者さんのがんの状態を見極めてプランを立てることはできるのですが、実際に協力していただける先生方はもっともっと必要です。

ですから、もし、この本を読んで賛同していただける方がいらっしゃいましたら、ご一報ください。

善本◇そうなれば、がん治療も大きく変わりますね。

岡田◆そうですね。みなさんがあきらめずに闘うことは、自分のためだけではありません。今、がんで苦しんでいる人、これからがんで苦しむ人のためにもなります。ですから、私たちと一緒にがんの医療とご自身の未来をいいものに変えていきましょう！

善本◇どうかよろしくお願いいたします！

構成・大野マサト
装幀・寄藤文平＋鈴木千佳子

このまま死《し》んでる場合《ばあい》じゃない!
がん生存率《せいぞんりつ》0%から「治《なお》ったわけ」「治《なお》せるわけ」

2016年12月1日　第1刷発行
2018年8月22日　第5刷発行
著　者　岡田直美《おかだなおみ》
　　　　善本考香《よしもととしか》
発行者　渡瀬昌彦
発行所　株式会社 講談社
　　　　〒112-8001
　　　　東京都文京区音羽2-12-21
　　　　電話　出版 03-5395-3522
　　　　　　　販売 03-5395-4415
　　　　　　　業務 03-5395-3615
印刷所　慶昌堂印刷株式会社
製本所　株式会社国宝社
※落丁本、乱丁本は購入書店名を明記のうえ、小社業務あてにお送りください。
送料小社負担にてお取り替えいたします。なお、この本についての
お問い合わせは、小社出版＝第一事業局企画部あてにお願いいたします。

N.D.C.494.5 238p 20cm
定価はカバーに表示してあります。ISBN978-4-06-218610-0